KB067918

친절한
과학사전

친절한 과학 사전

지구과학 편

이영기 지음

북카라반
CARAVAN

"

우리는 어디서 왔으며, 어디로 가는 것일까요? 빅뱅으로 시작된 우주의 종착점은 어디일까요? 이런 물음에 대한 답을 얻기 위해서는 지구과학의 이해가 필요할 것입니다. 지구과학은 우리가 살고 있는 지구와 그 주위 환경에서 일어나는 자연 현상을 탐구하여 원인을 분석하고 규명하는 종합과학입니다.

그러므로 지구과학은 우리가 생활하는 가운데 일상에서 접하게 되는 모든 자연현상, 지구의 변천 과정, 인간 생활의 이용 등을 두루 다루고 있습니다. 지구과학은 자연현상을 지속적으로 관찰하여 결론을 내는 귀납적 탐구 방법을 주로 사용하는 학문으로, 대상이 시·공간적으로 광범위하다는 것이 다른 자연과학과는 또 다른 특징입니다. 지구과학은 지구와 우주에서 일어나는 자연현상들의 상호관계를 조사하는 학문으로 지질학, 대기과학, 해양학, 천문학의 영역으로 구성되어 있습니다.

지질학은 고체로 되어 있는 지구 내부 및 지구의 구성과 성분의 구조, 지구 탄생 과정, 지질시대, 지각변동, 지진, 중력장과 자기장 등을 연구하는 학문입니다.

대기과학은 대기에서 일어나는 기상현상과 대기의 운동을 토대로 날씨의 변화를 예측하고 예보하며, 각종 기상 현상을 비롯한 대기의 변화를 연구하는 학문입니다.

해양학은 조석현상이나 해류와 같은 바닷물의 운동과 해수의 물리적 특징, 해저 지형, 지구 대기와 함께 상호작용하는 엘리뇨 등을 연구하는 학문입니다.

천문학은 태양계 천체들의 특징과 운동, 태양계의 기원과 진화, 별과 은하들을 관측하고 물리적인 특성과 진화 및 우주의 기원 등을 연구하는 학문입니다.

친절한 과학사전 『지구과학』 편에서는 우리 삶의 터전인 지구라는 행성에서 우리가 알아야 할 꼭 필요한 용어, 자연현상에서 일어나는 일들을 쉽게 이해하기 위한 용어를 다루려 노력했습니다. 초·중·고 교육과정에서 다루고 있는 기본 용어를 쉽고 재미있게 접근할 수 있도록 용어의 '정의'와 내용 '해설' 그리고 '생각거리'로 관련된 흥미로운 이야기로 구성했습니다. 학생들이 용어를 통해 우리 주변에서 일어나는 지구과학적 현상에 자연스럽게 접근하며 귀납적 탐구 방법을 익히고, 나아가 연역적 탐구 방법에도 관심을 가졌으면 합니다.

용어 중심으로 지구과학의 영역을 설명하다보니 그 체계를 구성하기가 쉽지 않았습니다. 부족한 점이 많지만, 이 책을 통해 지구에 대하여 알아가면서 느끼는 즐거움에 대한 동기와 호기심을 자극하여 빅뱅의 우주로부터 지구의 탄생까지 이해에 도움이 되기를 기대합니다.

또한 자연은 아는 것만큼 보인다는 말이 있듯이 우리 주변에서 일어나는 자연현상에 대하여 더 많은 것이 보이길 기대합니다.

"

지은이 **이영기**

contents

경도풍

정의   경도풍(傾度風, gradient wind)은 마찰이 없는 상태에서 등압선이 원형인 경우 기압경도력, 전향력, 구심력이 평형을 이루고 부는 바람이다.

해설   지표면 마찰의 영향이 없는 1km 이상의 상공에서 등압선이 원형일 때 등압선과 나란하게 부는 바람을 경도풍이라 한다.

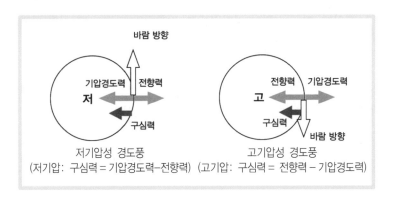

저기압성 경도풍
(저기압: 구심력 = 기압경도력－전향력)

고기압성 경도풍
(고기압: 구심력 = 전향력 － 기압경도력)

지균풍(地均風)과 달리 경도풍에서는 전향력과 기압경도력이 평형을 이루지 않는다. 즉, 전향력과 기압경도력 중 어느 한 힘이 다른 힘보다 크며 그 차이에 해당하는 힘이 구심력의 역할을 하여 바람이 원운동을 하게 만든다.

❶ 저기압성 경도풍(북반구): 중심이 저기압일 때 기압경도력이 전향력보다 클 경우, 그 차이에 해당하는 힘이 북반구에서 공기를 이동 방향의 왼쪽으로 계속 잡아당기고, 이 힘이 구심력이 되어 반시계 방향으로 회전하는 경도풍을 발생시킨다.

❷ 고기압성 경도풍(북반구): 중심이 고기압일 때 전향력이 기압경도력보다 클 경우, 그 차이에 해당하는 힘이 북반구에서 공기를 이동 방향의 오른쪽으로 계속 잡아당기고, 이 힘이 구심력이 되어 시계 방향으로 회전하는 경도풍을 발생시킨다.

❸ 고기압 경도풍과 저기압 경도풍의 속력 비교: 기압경도력과 전향력이 평형을 이루지 않는 대신, 두 힘의 차이에 해당하는 힘이 구심력 역할을 하여 공기 덩어리가 원운동을 한다. 원운동을 하는 공기 덩어리에 가해지는 알짜 힘은 원의 중심으로 작용하는 구심력인데, 이 구심력이 기압경도력, 전향력과 더불어 세 힘의 평형을 이루며 고기압성 또는 저기압성 경도풍을 형성한다.

고기압성 경도풍을 식으로 나타내면 '구심력 = 전향력 - 기압경도력(①)'이 되고, 저기압성 경도풍은 '구심력 = 기압경도력 - 전향력(②)'이 된다.
식 ①과 식 ②를 각각 전향력에 대해 정리해보면, 식 ①은 '전향력

= 기압경도력 + 구심력(③)'이 되고, 식 ②는 '전향력 = 기압경도력 - 구심력(④)'이 된다.

식 ③과 식 ④를 비교하면, 식 ③의 전향력이 (기압경도력이 같다면) 구심력의 합이므로 구심력의 차로 나타나는 ④의 전향력보다 크다. 전향력은 물체의 운동 속도에 비례하므로, 식 ③의 속력이 식 ④의 속력보다 크다. 즉, 고기압과 저기압의 등압선 간격이 같은 경우 고기압의 경도풍이 저기압의 경도풍보다 크다.

여러 종류의 바람

생.
각.
거.
리.

상공풍은 마찰력의 영향을 무시할 수 있는 고도 1km 이상에서 부는 바람으로 지균풍과 경도풍이 있다. 반면, 지상풍은 지표면 으로부터 1km 상공보다 낮은 곳에서 지표면 마찰의 영향을 받아 등압선을 비스듬히 가로지르는 방향으로 바람이 분다.

1. 지균풍

지표면 마찰의 영향이 없는 1km 이상의 상공에서 등압선이 직선일 때 북반구에서 기압경도력과 전향력이 평형을 이루며 등압선과 나란하게 부는 바람을 지균풍(地均風, geostrophic wind)이라 한다.

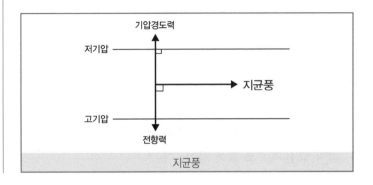

2. 지상풍

지표면에서 고도 1km 이하의 낮은 곳에서 부는 바람을 지상풍 (地上風, surface wind)이라 한다. 상공풍인 지균풍과 달리 지표면과의 마찰로 인하여 등압선을 비스듬하게 가로지르는 방향으로 바람이 분다.

지상풍은 공기에 작용하는 전향력과 마찰력의 합력이 기압경도력과 평형을 이루고(기압경도력 = 전향력 + 마찰력), 지상풍은 등압선에 일정한 각을 이루며 고기압 쪽에서 저기압 쪽으로 불어간다. 지상풍의 풍향이 등압선과 이루는 각(α)을 경각이라 한다. 육지에서는 지면의 마찰이 커서 경각이 30~40°이고, 해상에서는 마찰의 영향이 적어서 15~30°로 나타난다.

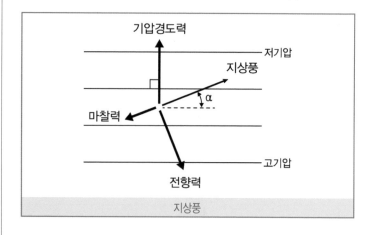

지상풍

등압선이 원형일 때의 지상풍은 북반구 지상의 고기압 부근에서 바람이 중심으로부터 시계 방향으로 회전하며 바깥쪽으로 불어나가고, 지상의 저기압 부근에서는 바람이 반시계 방향으로 회전하며 중심 쪽으로 불어 들어온다.

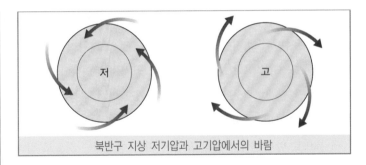
북반구 지상 저기압과 고기압에서의 바람

3. 토네이도

토네이도(tornado)는 넓은 평원이나 바다에서 주로 발생하는 매우 강력한 깔때기 모양의 회오리바람을 의미한다. 열대지방에서 흔히 발생하며 미국과 유럽, 동북아시아 등 온대 지역의 여름에 주로 발생하는 강력한 바람으로, 우리나라에서는 바다에서 용이 올라가는 모습과 닮았다 하여 용오름 현상이라고 한다. 나선형으로 회전하며 올라가며 중심 진로에 있는 물건들을 맹렬한 기세로 감아올릴 정도로 거세다. 토네이도 중심 부근에는 100~200m/s 이상의 풍속을 보이며, 어원은 라틴어의 "돈다"는 뜻을 가진 'tornare'에서 유래되었다.

토네이도의 이동거리는 대개 5~10km이지만 때로는 300km에 이르기도 하며 비와 우박, 번개를 동반한다. 토네이도의 발생 원인은 정확히 밝혀지지는 않았지만, 두 개의 성질이 다른 기단이나 기류가 만날 때 발생하는 것으로, 온대 저기압의 불안정 또는 강한 한랭전선과 관련하여 강한 상승 기류가 발생할 때 내부 공기가 대류하면서 회전을 하며 발생하는 것으로 알려졌다.

토네이도는 갑작스런 온도의 변화로 공기 내부의 온도가 불안정할 때 잘 발생한다. 토네이도의 깔때기 모양의 구름은, 토네이도 주위로 유입된 공기의 급속한 단열 냉각으로 응결된 물방울들이 구름으로 바뀌면서 기류의 모양에 따라 형성되는 것으로 알려져 있다.

광물

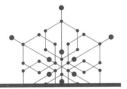

정의   광물(鑛物, mineral)은 규칙적인 결정 구조와 일정한 화학 성분을 가지며, 자연현상으로 만들어진 무기적 고체다.

해설   광물은 암석을 구성하는 기본 단위다. 지금까지 알려진 광물은 3,600여 종에 이르지만, 암석을 이루는 조암 광물(造巖鑛物, rock-forming minerals)은 수십 종에 불과하다. 광물을 이루는 원자나 이온이 일정한 규칙성을 가지고 배열된 것을 결정질, 불규칙하게 배열된 것을 비결정질이라 하며, 결정질 중 독특한 외부 형태를 이룬 것을 결정이라 한다.

❶ 광물은 종류에 따라 독특한 성질을 지니고 있으며, 이러한 성질은 광물 감정의 중요한 기준이 된다. 광물의 성질은 물리적·화학적·광학적 성질로 나뉜다. 광물은 내부 구조와 조성의 차이에 따라 결정형, 조흔색, 쪼개짐, 깨짐, 굳기(경도), 광택, 비중 등에서

고유의 물리적 성질을 가진다.

- 결정형: 광물의 결정은 구성 원소가 3차원적으로 배열된 내부 규칙성이 외부에 보이는 다면체 형태로 나타나며, 각 광물 결정의 기하학적 대칭구도에 따라 크게 6개 정계로 분류된다.

결정계	등축정계	정방정계	육방정계	사방정계	단사정계	삼사정계
결정계의 요소	$x=y=z$ $\alpha=\beta=\gamma$ $=90°$	$x=y\neq z$ $\alpha=\beta=\gamma$ $=90°$	$x1=x2=x3$ $x\perp z,$ $\theta=60°$	$x\neq y\neq z$ $\alpha=\beta=\gamma$ $=90°$	$x\neq y\neq z$ $\alpha=\gamma=90°,$ $\beta\neq90°$	$x\neq y\neq z$ $\alpha\neq\beta\neq\gamma$ $\neq90°$
간단한 결정형						
광물 예	금강석, 형석, 암염	지르콘, 황동석, 회중석	석영, 방해석, 흑연	자연황, 황옥, 감람석	정장석, 보통휘석, 석고	사장석, 남정석, 규회석

- 색과 조흔색: 자연광에서 보이는 광물의 색은 판별에 명백하고도 유용한 특성으로 육안 구분이 가능하지만 같은 광물이라도 불순물로 인해 색이 달라질 수 있다. 조흔색은 광물을 조흔판에 긁어서 나타나는 광물가루 고유의 색으로 동일한 색을 지닌 광물을 구분할 때 활용된다. 비금속 광물의 조흔색은 무색이지만, 금속 광물은 각기 독특한 조흔색을 가지므로 금속 광물의 감정에 이용된다.

광물	화학식	표면색	조흔색	광물	화학식	표면색	조흔색
금	Au	황색	황색	적철석	Fe_2O_3	흑색	적색
황철석	FeS_2	황색	황색	자철석	Fe_3O_4	흑색	흑색
황동석	$CuFeS_2$	황색	황색	갈철석	$Fe_2O_3 \cdot nH_2O$	흑색	황갈색

- 깨짐과 쪼개짐: 광물에 힘을 가했을 때 일정한 방향으로 평탄면을 보이면서 쪼개지는 성질을 쪼개짐이라 하고, 방향성 없이 불규칙하게 깨지는 것을 깨짐이라 한다.

- 경도(굳기): 경도는 광물의 단단한 정도로, 각 경도의 대표적 광물을 표본 광물에 긁어 나타나는 긁힘의 정도로 측정하는 상대경도, 표본 광물을 다이아몬드 침으로 눌러 나타나는 변형의 정도로 측정하는 절대경도(누프 경도)로 나눌 수 있다.

  아래 표는 모스가 정한 모스 경도계로 상대적 굳기에 따라 경도 및 해당 대표 광물을 10단계로 구분하여 정한 것이다. 모스 굳기는 상대적 등급을 나타낸 것으로 굳기의 등급은 정비례하지 않는다.

굳기	1	2	3	4	5	6	7	8	9	10
광물	활석	석고	방해석	형석	인회석	정장석	석영	황옥	강옥	금강석

- 광택: 광물 표면에서 반사된 빛에 대한 눈의 느낌으로, 광물 표면의 성질과 흡수되는 빛의 양에 따라 구분된다. 크게 금속 광택과 비금속 광택으로 나뉘며, 비금속 광택은 금강, 견사, 유리, 진주, 지방 광택 등으로 세분화된다.

- 비중: 같은 부피의 물에 대한 광물의 무게비로, 원자량이 크고 결합 원소의 밀집도가 클수록 높게 나타난다.

- 자성: 광물의 자기적인 성질로 자철석, 자황철석과 같은 자성이 강한 광물은 막대 자석에도 달라붙는다.

❷ 광물의 화학적 성질로는 동질이상, 유질동상, 고용체가 있다.

- 동질이상: 화학 성분은 같으나 생성 당시의 온도나 압력 조건에 따라 그 결정 구조와 물리적 성질이 다른 광물을 지칭하며, 금강석과 흑연(C), 황철석과 백철석(FeS_2), 방해석과 아라고나이트($CaCO_3$) 등이 동질이상에 속한다.

광물 성분	생성 조건 (압력;P,온도;T)	결정형	색깔	투명도	경도	비중
금강석 C	P, T 〉흑 연	8면체	무색	투명	10	3.5
흑연 C	P, T 〈 금강석	6각형	흑색	불투명	1~2	2.1

- 유질동상: 화학 성분은 다르지만 결정 구조가 같고 비슷한 광물들을 지칭하는 용어다. 한 예로 방해석($CaCO_3$), 능철석($FeCO_3$), 마그네사이트($CaCO_3$)를 비교해보면 모두 탄산이온(CO_3)을 가지고 있으며, 양이온(Ca, Mg, Fe)의 크기와 물리적 성질이 비슷하고 육방정계의 결정구조도 동일하여 서로 유질동상 관계임을 알 수 있다.

- 고용체: 화학 조성이 일정하지 않고 특정한 범위 내에서 변화를 보이는 광물을 말하며, 이온 간의 치환, 결정구조의 간극 및 결함이 고용체 형성의 주된 요인이 된다. 감람석〔$(Mg,Fe)_2SiO_4$〕은 Mg^{2+}와 Fe^{2+}의 성분이 특정한 비율로 섞여 있으며, 고토 감람석(Mg_2SiO_4)에서 철 감람석(Fe_2SiO_4)까지의 범위로 존재하는 대표적 고용체 광물이다. 감람석의 생성 과정에서 Mg^{2+}가 Fe^{2+}로 치환되면서 그 성분이 연속으로 바뀌며, 이에 고용체 광물의 밀도도 일정하지 않게 조금씩 변한다.

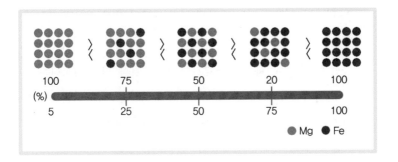

100	75	50	20	100

(%)

5	25	50	75	100

● Mg ● Fe

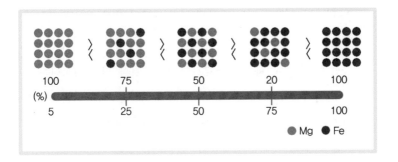

❸ 빛이 광물 속으로 입사하면 굴절되는데 그 정도가 광물마다 다르기 때문에 각기 다른 광학적 성질을 보이며, 이는 광물 감정에 중요한 요소가 된다. 편광 현미경을 이용하면 광물의 광학적 성질을 알 수 있다.

• 광학적 이방체와 등방체: 광물 내에서 빛의 속도가 방향에 관계없이 일정한 광물을 광학적 등방체라 하고, 방향에 따라 굴절되는 정도에 차이가 있는 광물을 광학적 이방체라 한다.

• 복굴절: 빛이 서로 다른 두 매질의 경계면에 입사할 때 그 속도가 변하는데, 이러한 빛의 속도 차에 의해 굴절이 일어난다. 등방체(등축정계)

의 매질로 빛이 입사되면 일정하게 한 방향으로 굴절하지만, 이방체일 경우 두 개의 방향으로 빛이 굴절한다. 이러한 현상을 복굴절이라 하는데, 그림과 같이 글자 위에 이방체의 방해석을 올려놓으면 글자가 겹쳐 보이는 현상이 좋은 예라 할 수 있다.

• 다색성: 편광 현미경의 개방 니콜 상태에서 재물대를 회전시켜 백색광을 비추면, 표본 광물이 방향에 따라 빛을 흡수하는 정도

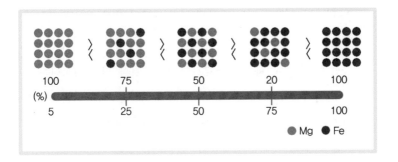

가 달라져 편광의 진동 방향에 따라 광물의 색이 변하게 되는데, 이를 다색성이라 한다. 주요 광물로 흑운모, 전기석 등이 있다.

- 간섭색: 빛의 두 파동이 서로간의 상호작용에 의해 나타나는 색을 간섭색이라고 한다. 광학적 이방체 광물을 직교 니콜 하에서 재물대를 회전시켜 두 니콜과 광물의 진동 방향이 서로 45도의 각을 이루면 최대의 간섭색이 나타난다. 광물에 따라 찬란하고 다양한 색이 나타나며, 이러한 간섭색은 광물 자체의 색이 아닌 복굴절에 의해 일어나는 현상이다.

- 소광: 직교 니콜 하에서 이방체 광물을 재물대에 놓고 회전시키면 1회전 시 4번의 암흑현상이 일어나는데 이러한 현상을 소광이라고 한다. 이는 두 니콜과 광물의 진동 방향이 동일한 상태에 놓이면 간섭에 의해 두 파장이 소멸되기 때문이다. 이러한 소광 현상은 재물대 1회전 시 표본 광물과 니콜의 진동 방향이 이루는 각이 직각($90°$, $180°$, $270°$, $360°$)일 때 나타나므로 4회 발생한다.

보석 광물과 탄생석

보석은 빛깔과 광택이 아름다울 뿐 아니라 산출량이 적어서 희소
성이 있고, 마모나 긁힘에 강하고 충격에 견디는 견고성을 갖췄으
며, 동서고금을 통해 모두가 선호해온 전통성과 장신구로 몸에
지니기 편한 크기의 휴대성을 지니고 있다.

1. 주요 보석과 특징

현재 지구에는 4,000개 이상의 광물이 알려져 있는데 그중 50여
종만이 보석으로 분류된다. 일반적으로 보석은 질과 크기에 따라
가격이 결정되며, 무게 단위로 캐럿(Carat; ct)을 쓰는데, 1캐럿은
0.2g이다. 주요 보석과 특징은 다음과 같다.

보석	특 징
자수정	석영(수정, SiO_2)에 철이나 알루미늄 같은 불순물이 포함되어, 보라색부터 적자색까지의 색깔을 내는 결정질 석영이다.
루비	강옥(Al_2O_3; Corundum)에 속하는 보석이다. 크롬(Cr)이 포함되어 붉은색을 띠는 광물로, 보석 중의 보석으로 일컬어지며 널리 사랑받고 있다.
사파이어	강옥에 속하는 보석으로, 철 또는 티타늄이 포함되어 파란색을 띤다.
에메랄드	녹주석(Beryl; $Be_3Al_2Si_6O_{18}$)의 일종으로, 녹주석에 크롬 또는 바나듐(V)이 포함되어 녹색을 띠면 에메랄드로, 철이 포함되어 남청빛을 띠면 아쿠아마린(Aquamarine)으로 불린다.
석류석	석류석 ($X_3Y_2Si_3O_4$(X=Ca, Fe, Mg, Mn; Y=Al, Fe, Ti, Cr))은 청동기 시대부터 보석으로 사용된 광물로, 광물의 원자구조에 들어가 있는 원소에 따라 적색, 녹색, 검정색, 핑크색 또는 무색 등 다양한 색으로 산출된다.
터키석	터키석 ($CuAl_6(PO_4)_4(OH)_8 \cdot 4H_2O$)은 옅은 청록색을 띠는 인산염 광물이다. 구리의 함량에 따라 하늘색부터 녹색을 띤 파랑색까지 여러 가지 색깔을 나타낸다.

2. 월별 탄생석과 그 의미

탄생석은 1월부터 12월까지 사람이 태어난 달과 보석을 연관 지
은 것으로, 태어난 달에 해당하는 보석을 몸에 지니면 행운이 따

른다고 알려져 있다. 탄생석은 오랫동안 주술적으로 초자연적인 힘이 있다고 알려져 왔으며, 사람의 운명을 점치는 보조 역할을 수행하기도 했다. 시간이 흐르면서 보석의 가치와 평가가 달라짐에 따라 새로운 보석이 탄생석으로 추가되기도 했다. 현대에 일반적으로 통용되는 월별 탄생석과 그 의미는 다음과 같다.

월	1	2	3	4	5	6
보석	석류석	자수정	아쿠아마린	다이아몬드	에메랄드	진주
의미	사랑과 진실	성실과 평화	용기와 총명	영원한 사랑과 행복	청순과 행운	장부의 권위와 건강
월	7	8	9	10	11	12
보석	루비	페리도트	사파이어	오팔	황옥	터키석
의미	애정과 영원한 생명	행복한 결혼과 지혜	덕망과 자애	희망과 안락	충실과 우정	부와 성공

구름의 분류

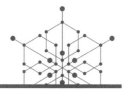

정의 구름은 대기 중의 수증기가 응결한 작은 물방울이나 얼음 알갱이가 모여 하늘에 떠 있는 것을 말한다. 구름은 외관상 모양과 떠 있는 높이에 따라 10가지 종류로 나뉜다.

해설 구름은 떠 있는 높이에 따라 하층운(지면으로부터 2km 이 하), 중층운(고도 2~6km), 상층운(고도 6km 이상) 및 수직 운으로 나뉜다. 모양에 따라서는 뭉게뭉게 솟아오르며 두껍게 발달 하는 적운형, 수직으로 발달하지 않고 옆으로 퍼지는 형태의 층운형, 그리고 권운형(새털구름형)으로 나뉜다.

1802년 프랑스의 박물학자 라마르크(Jean Baptiste Lamarck, 1744~ 1829)가 처음으로 구름의 분류를 제안했지만 별 관심을 끌지 못했으 며, 1803년 영국의 약제사 하워드(Luke Howard, 1772~1864)가 구름 분류 시스템을 만들어 널리 사용하게 되었다. 하워드는 구름을 크게 네 가지로 나누어 라틴어로 명명하였다. 즉, 층을 의미하는 stratus,

쌓여 있다는 의미의 cumulus, 곱슬머리를 뜻하는 cirrus, 격렬한 강수를 의미하는 nimbus로 나누었다. 다른 구름은 이 네 가지 기본 구름을 조합하여 설명했다.

1887년에 힐데브란드손(Hugo Hildebrandsson, 1838~1925) 등이 하워드의 구름 분류를 약간 수정하여 발표한 것이 널리 사용되다가 현재는 1956년 유엔 세계기상기구(WMO)에서 정한 기본 운형 10종을 기본 구름으로 인정하여 세계 공통으로 사용하고 있다. 일반적으로 구름 분류의 기준은 구름의 겉모양(형태)과 고도다. 다음 표는 기본 운형 10종을 나타낸 것이다.

운저 고도	종류	기호	한국명	구성 입자	특징
상층운 (6~15km)	권운 (Cirrus)	Ci	털구름	빙정	털실이나 비단 같은 흰 구름(새털구름), 맑은 날씨
	권적운 (Cirrocumulus)	Cc	털쌘구름		잔물결 모양의 얇고 흰 구름(비늘구름), 비가 올 확률이 낮음
	권층운 (Cirrostratus)	Cs	털층구름		흰 베일을 덮은 것 같은 구름. 해무리, 달무리가 생기고 날씨가 흐려질 징조를 보임
중층운 (2~6km)	고적운 (Altocumulus)	Ac	높쌘구름	빙정+ 과냉각 물방울+ 물방울	흰색부터 어두운 회색의 연기 모양과 기다란 잔물결 모양(양떼 같은 구름), 비가 올 확률이 낮음
	고층운 (Altostratus)	As	높층구름		흰색부터 회색까지 고르게 하늘을 덮는 모양, 온난전선이 곧 접근함(회색 차일 같은 구름), 약한 비나 눈이 내림

하층운 (2km 미만)	층적운 (Stratocumulus)	Sc	층쌘 구름	물방울	회색의 둘둘 말린 모양을 한 구름(두루마리구름). 곳에 따라 조각 모양의 구름은 병합하여 층운을 형성. 비가 내릴 확률이 낮음
	층운 (Stratus)	St	층구름		안개가 떠오르는 것 같은 낮은 구름. 비가 갠 후 낮은 산에 걸린 구름(안개구름). 국지적인 안개비가 내림
	난층운 (Nimbostratus)	Ns	비층 구름		어두운 회색 구름. 연속적인 비나 눈이 옴(일반적으로 강수 있음)
수직운 (3km 미만)	적운 (Cumuls)	Cu	쌘구름	높은 곳: 빙정	여름철 맑은 하늘에 뭉게뭉게 솟아 오른 구름(뭉게구름). 비를 내리지 않는 것이 보통이나 내리더라도 그 양이 적음
	적란운 (Cumulonimbus)	Cb	쌘비 구름	낮은 곳: 물방울	거대하게 부풀어 있고 흰색, 회색과 검정색. 상당한 높이를 가진 모루 모양의 머리가 종종 나타남(먹구름). 번개가 치며 소나기나 우박이 내릴 가능성이 큼

기본 10종 운형의 구름의 특징을 좀 더 살펴보면 다음과 같다.

구 름	특 징
권운	상층운 중 가장 많이 나타나는 형태다. 하얀 선이나 띠의 형태를 이루기도 하고, 서로 엉켜 덩어리가 된 얇고 흰 구름이며, 자세히 보면 털과 같은 모양도 있고 그렇지 않은 경우도 있다. 권운의 운립은 모두 빙정으로 되어 있다.
권적운	많은 구름조각이 작은 돌을 깔아 나열한 모양이나 잔물결 모양을 나타내기도 하고, 마치 생선비늘 모양으로 보일 때도 있는 얇고 흰 구름이다. 권적운의 운립은 빙정으로 되어 있다.

권층운	푸른 하늘을 면사포로 씌워 놓은 것 같은 희고 얇은 구름으로 털 모양의 구조를 띠기도 하고 균일한 막 같이 보이는 경우도 있다. 운립은 빙정으로 되어 있으며, 수증기가 적은 고공에 나타나므로 두께가 두껍지 못하다. 이 구름이 태양이나 달을 덮었을 때 햇무리 또는 달무리가 나타난다. 보통 권층운은 온난전선의 전방에 나타나므로 강수구역의 접근을 의미하며, 옛부터 "무리가 생기면 비가 온다"는 일기 속담은 그래서 타당성이 있다.
고적운	엷은 회색을 띠며, 평행한 파형이나 롤의 형태를 가지기도 하며, 권적운보다는 큰 구름덩어리로 배열되어 마치 양떼처럼 보이기도 한다. 이 구름은 거의 수적으로 이루어져 있다.
고층운	무늬가 있는 회색 또는 연한 암회색의 차일과 같이 하늘을 덮고 있는 구름이다. 이 구름은 수백 km에 걸쳐 하늘 전체를 덮고 있는 경우가 많다. 이 구름에서는 비나 눈이 내리는 수가 있다. 엷은 고층운은 두꺼운 권층운과 구별하기가 어렵다.
난층운	암회색을 띠며, 비 또는 눈을 동반한다. 이 구름은 보통 하늘 전체를 덮으며, 두꺼워서 태양을 가린다. 이 구름의 운립은 대체로 수적과 빙정으로 되어 있다. 비 또는 눈을 동반하므로 구름의 밑 부분은 혼란스러운 형태를 하고 있으며, 운저 밑에는 조각구름이 생기는 일이 많다.
층적운	구름 사이로 푸른 하늘이 보이고 큼직한 구름덩어리들이 열을 지어 나타나기도 하고 둘둘 말린 모양이나 파상으로 나타나기도 한다. 구름은 대부분 수적으로 되어 있으나 드물게 비나 눈을 포함하는 경우도 있다.
층운	대부분 균일한 운저를 갖는 회색의 구름으로 안개비, 가는 얼음, 가루눈이 내리는 경우가 있다. 이 구름은 안개와 비슷하지만 지면에 접해 있지 않는 점이 다르다. 이 구름은 거의 수적으로 되어 있다.
적운	연직으로 구름이 부풀어 올라 둥근 언덕이나 탑과 같은 형태를 띠고 있다. 태양에 비추어진 부분은 희게 빛나고 있지만 운저는 약간 어둡고 거의 수평이다. 이 구름은 거의 수적으로 되어 있으며, 일반적으로 비는 내리지 않는다.
적란운	연직 방향으로 크게 뻗친 구름으로 산이나 거대한 탑과 같은 형태를 하고 있다. 운정의 일부는 윤곽이 흐려 있기도 하고, 털 모양으로 평탄하게 되어 있기도 하다. 이 구름은 수적과 빙정으로 되어 있으며, 비, 눈, 싸락눈, 우박 등을 포함하고 있다. 천둥, 번개, 강한 소나기, 우박 및 돌풍 같은 악천후 현상이 나타난다.

✔ 비행운

비행운(飛行雲, contrail)은 응결 흔적(condensation trail)의 줄임말이다. 제트 엔진을 단 항공기가 한랭하고 습한 하늘을 날 때 그 뒤에 가끔 긴 줄 모양으로 생기는 구름을 말한다. 겨울철에 잘 나타난다. 주로 항공기의 엔진에서 배출된 수증기를 포함한 연소 가스가 냉각되어 생긴다. 또한 희박한 대기 중을 비행하는 항공기에 의한 급격한 공기의 팽창과 날개 끝이나 배기통이 있는 곳에서 생기는 공기의 소용돌이가 원인이 되는 경우도 있다. 보통은 곧 없어지나 1시간 이상 계속 보일 때도 있다. 고공(5~10㎞)일수록 오래 남는다.

생.각.거.리.

관천망기 - 구름과 날씨(기상청)

원래 구름의 형태는 대기 상층의 상황에 따라 결정되므로 운형(雲形)을 관찰하면 반대로 대기 상층의 상황을 추정할 수 있어서 이에 따른 날씨 변화도 어느 정도 판단이 가능하다.

예를 들면 저기압이 접근해 와서 날씨가 나빠지는 경우에 저기압 앞쪽에는 온난전선이 생기므로 먼저 권층운 및 권적운 등의 상층운이 나타나며, 이어서 점차 구름이 두꺼워지고 또 낮아지면서 고층운 및 고적운이 나타나고, 전선이 접근해오면 층적운 및 난층운이 되어 마침내는 비가 오게 된다.

앞에서 언급한 "달이나 해의 무리가 생기면 비"라는 일기 속담에서, 무리는 반경 22도와 46도 정도의 것이 있는데 권층운이나 엷은 고층운이 덮여 있을 때 볼 수 있는 현상이다. 무리는 구름이 작은 빙정(氷晶)들로 이루어져 있을 때 나타나며, 달이나 태양 광선이 구름 입자의 결정에 의해 굴절하거나 반사하기 때문에 생기는 현상이다. 즉, 무리가 형성되었다는 것은 상층에 권층운

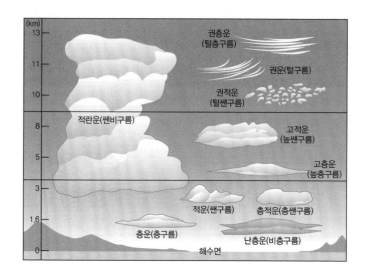

및 고층운이 덮여 있다는 것을 말한다. 이것은 저기압 접근의 전조(前兆)이고, 따라서 비가 올 징조가 된다. 이 경우는 실제 통계조사 결과에서도 60% 정도는 맞아 떨어져 일기 속담이 신빙성이 있다는 것을 보여주고 있다.

한편 구름 입자가 물방울인 경우에는 무리 현상이 나타나지 않으나 반경 3도 정도의 고리가 생기는 수가 있는데 이것을 광환(光環)이라고 한다. 이것도 비가 올 징조다. 그러나 같은 상층운이라도 줄무늬가 있는 권운의 경우에는 날씨가 반드시 나빠지지는 않고 오히려 맑은 날이 계속되는 경우도 있다. 이러한 것을 구별하는 것이 관천망 기법의 어려움이다.

일기 속담 중에는 "양떼구름이 끼면 비"라는 것도 있다. 양떼구름은 덩어리 모양의 고적운이며 저기압이 다가왔을 때 생기기 때문에 비의 징조가 될 수 있다. 또 "물결구름이 끼는 것도 일반적으로는 비가 올 징조"다. 물결구름은 성질이 다른 기단의 접촉면인 전선면(前線面)에 파동이 생겨 나타나는 구름이다. 따라서 물결구름이 생기는 것은 가까이에 전선이 있음을 의미하여 비의 전조가 된다. 그러나 물결구름이 상층운인 경우는 적중률이 낮고, 중층운이나 하층운이면 적중률이 높아진다고 할 수 있다.

산에 가까운 곳에서는 산에 의해 복잡한 기류가 생겨 특이한 형태의 구름이 나타나 일기 변화를 짐작할 수 있는 경우가 있다. 예를 들면 산에 삿갓 모양의 구름이 걸리면 일반적으로 비가 올 징조다. 이것은 전선이 접근한 경우 전선면 때문에 이런 구름이 나타나기 때문이다. 또 상공에서 바람이 강한 경우에는 렌즈 구름이 잘 생긴다. 이 구름은 상공에 강풍이 있음을 나타내며, 따라서 얼마 후에는 지표 부근도 바람이 강해질 전조가 된다.

일반적으로 상공에 따뜻하고 수증기를 많이 포함한 공기가 들어오면 운형이 층 모양이 된다. 따라서 층상운(層狀雲)은 비가 올 징조가 된다.

아침 안개는 야간 열복사에 의해 지면 부근이 냉각되어 생긴다. 이 경우 안개도 일종의 층상운이지만 낮이 되면 소산되므로 아침 안개는 오히려 날씨가 좋을 징조가 되며, 낮에 기온이 올라가는 수가 많다.

이에 대해 대기 기층의 불안정도 높고 상공에 기온이 낮은 층이 있을 경우에는 대류가 왕성해져서 뭉게구름, 즉 적운(積雲)이 생기는데, 이 구름은 일반적으로 수증기가 적으므로 비는 내리지 않는다. 따라서 적운은 맑을 징조가 된다고 할 수 있다. 그러나 이런 때라도 하층의 공기가 고온이고 수증기를 많이 포함하고 있으면 적운이 발달하여 웅대적운(雄大積雲)이나 적란운(積亂雲)이 되어 소나기가 내린다. 이와 같은 경우에 내리는 비는 소낙성이며, 때에 따라 많은 비가 내리기도 한다.

구름의 두께와 비의 강도와는 관계가 깊다. 두꺼운 구름, 즉 밑에서 올려다봐서 색이 검은 구름일수록 많은 비를 내리게 한다. 요즘은 레이더를 이용하여 구름 속의 빗방울이나 설편(雪片)의 양과 분포를 측정할 수 있어서 비의 강도를 어느 정도 알 수 있게 되었다.

"구름이 높이 떠 있으면 비가 내리지 않는다"는 일기 속담도 있다. 구름 밑면의 고도는 상대습도와 관계가 깊어서 지면 부근의 습도가 낮으면 구름 밑면의 높이인 운고(雲高)는 높다. 그래서 구름이 높으면 구름에서 빗방울이 떨어져도 지상에 도달하는 데 시간이 많이 걸리며, 건조한 대기 속을 낙하하면서 증발해 버린다. 따라서 비가 되지 않는다. 이런 현상을 때로는 우리 눈으로 볼 수도 있다. 구름에서 빗줄기가 밑으로 늘어져 마치 해파리처럼 보인다. 그러나 빗방울이 지면에 도달하지 못한다. 이를 미류운(尾流雲)이라고 부른다.

기단

정의 기단(氣團, air mass)은 공기가 한 곳에 머물면서 지표면의 성질을 닮아 수평 방향으로 기온, 습도 등의 대기 상태가 거의 같은 성질을 가진 공기 덩어리다.

해설 기단이 최초로 형성되기 시작하는 곳을 발원지라 한다. 거대한 기단이 일정한 특징이 있으려면 발원지가 대체로 평탄한 곳, 균일한 조성, 약한 지상풍 등 일정한 요건을 갖추어야 한다. 이상적인 발원지는 통상 고기압권에 있는 곳으로 눈과 얼음이 덮인 겨울철의 북극 평원과 여름철의 아열대 해양 및 사막 지대가 좋은 발원지다. 기단은 각각 그 발생지의 고유한 성질을 띠고 있어, 대륙에서 발생한 것은 건조하고 해양에서 발생한 것은 습하다.

기단은 발생지의 열적 특성에 따라 열대(T, tropical), 한대(P, polar), 극(A, arctic), 적도(E, equatorial) 네 가지로 분류한다. 또 습도 조건에 따라서 대륙에서 발생한 기단을 대륙성 기단 c(continental)로 표시하고, 해양에서 발생한 기단을 해양성 기단 m(marine)으로 표시한다. 따라서 한반도 부근의 시베리아 기단은 cP, 북태평양 기단은 mT, 양쯔 강 기단은 cT, 오호츠크 해 기단은 mP 등으로 표시한다.

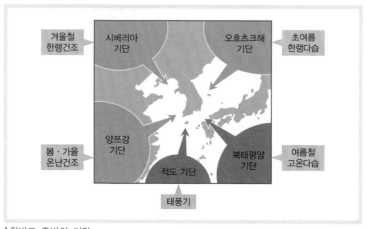

겨울철 한랭건조

시베리아 기단

오호츠크해 기단

초여름 한랭다습

양쯔강 기단

봄·가을 온난건조

적도 기단

북태평양 기단

여름철 고온다습

태풍기

| 한반도 주변의 기단

시베리아 기단은 대륙성 한대 기단(cP)으로, 한랭 건조한 시베리아 대륙에서 발생하기 때문에 한랭 건조한 특징이 있으며 겨울철에 한반도에 영향을 미치고 있다. 이 기단의 세력권에 들어가면 강한 북서풍이 불고 전반적으로 추위가 맹위를 떨쳐 전국이 영하권으로 떨어지며, 이 기단의 성장과 쇠약에 따라 7일을 주기로 삼한사온 현상이 나타난다. 삼한사온은 동북아 지역의 기후 특성이었으나 근래에는 지구온난화로 이 현상은 흐릿해지고 있다.

양쯔 강 기단은 봄철이 됨에 따라 이동성 고기압을 타고 한반도에 영향을 주는 열대 기단(cT)으로 비교적 규모도 작고 이동 속도도 빠르며 저기압의 통과와 더불어 급격한 날씨의 변화를 나타낸다. 가을철에는 동서 형태의 땅콩 모양의 이동성 고기압으로 한반도를 통과하여 맑은 날씨가 이어진다. 이 기단은 겨울철 날씨도 좌우하고 있다.

오호츠크 해 기단은 초여름의 장마기에 영향을 미치는 해양성 한대 기단(mP)으로, 한반도의 장마는 오호츠크 해 기단과 북태평양 기단이 서로 만난 불연속성, 즉 한대 전선의 일종인 장마전선에서 나타나는 현상이다. 또한 초여름 이 기단의 영향으로 부는 북동풍이 태백산맥을 넘어 영서 지방으로 이동하여 높새바람을 일으켜 농작물에 피해를 주기도 한다.

북태평양 기단은 장마가 지나면서 본격적인 더운 날씨를 형성하는 고온 다습한 해양성 열대 기단(mT)으로, 남풍이나 남서풍을 일으키고 최고 기온을 나타나게 한다. 이 기단은 또한 한랭 습윤한 기단인 오호츠크 해 기단과 만나면서 장마전선을 형성한다. 북태평양 기단의 영향을 강력하게 받는 동안에는 무더위가 지속되어 생활에 많은 불편을 주지만, 벼와 같은 주요 농작물 재배에는 반드시 필요한 기후 조건을 제공한다.

한반도는 겨울철 시베리아 기단의 영향과 여름철 북태평양 기단의 영향으로 탁월풍이 변하는 몬순 현상이 나타나며, 동일 위도의 다른 지역에 비해 겨울은 춥고 여름은 무더운 기온의 연교차가 큰 특성이 나타난다.

적도 기단은 해양성 적도 기단으로 덥고 습하며, 7~8월에 태풍이라 부르는 열대성 저기압으로 강한 바람과 비를 동반하여 많은 피해를 주고 있다.

기단이 발원지를 떠나 이동하면 이동한 지역의 지면이나 수면을 만나 열과 수증기를 교환하면서 온도와 습도가 달라져서 원래의 성질과 다르게 변하여, 날씨에 영향을 미친다. 이런 현상을 기단의 변질이라고 하며, 기단의 변질은 하층에서부터 시작되어 상층으로 퍼져간다.

한랭한 기단의 변질은 한랭한 기단이 따뜻한 지면 위로 이동하면 기단 하층의 온도가 높아지면서 대기가 불안정해진다. 하층이 가열되어 따뜻한 상승 기류가 나타나며, 적운이나 적란운의 구름이 발달하여 강한 비나 눈을 내리기도 한다. 겨울철 시베리아 기단의 확장으로 찬 공기가 한반도 서해상을 지나면서 눈구름이 만들어져서 호남 서해안에 눈을 내리는 경우다.

온난한 기단의 변질은 따뜻한 기단이 찬 지표면 위로 이동하면 기단 하층의 온도가 낮아지면서 대기가 안정된다. 따라서 날씨가 비교적 맑으며, 안개나 층운형의 구름이 발생한다.

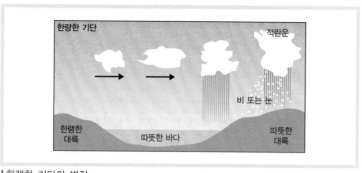

| 한랭한 기단의 변질

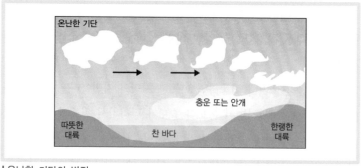

| 온난한 기단의 변질

기후가 생활에 끼친 영향

우리나라는 계절의 변화가 뚜렷한 나라로 봄, 여름, 가을, 겨울의 변화하는 기후는 인간 생활과 밀접한 관계를 주었다. 우리 조상들의 기후 환경에 적응해온 전통 생활 풍습에 기단의 변화에 따라 계절에 맞게 의식주(衣食住) 생활에도 큰 영향을 미쳤다.

의(衣) 생활에서는 겨울 추위를 견디기 위해 솜이나 모피를 이용하여 솜옷과 갓옷, 갓두루마기를 지어 입었고, 여름 더위에 대처하기 위해서 통풍이 잘 되는 삼베·모시로 옷을 지어 입었으며 죽부인을 사용했다.

식(食) 생활에서는 긴 겨울 동안 야채를 섭취하기 위해 김장을 담갔는데 겨울이 온화한 남부 지방은 젓갈을 이용하여 짜고 맵게 담근 데 비해, 북부 지방에서는 삼삼하게 담갔다. 또 여름 무더위에 대비한 염장식품(자반) 및 건어물과 육포 등이 발달했다.

주(住) 생활에서는 추운 겨울을 나기 위한 독특한 난방법인 온돌이 발달했고, 관북 지방에서는 정주간과 같은 특이한 가옥 구조가 나타난다. 한편, 여름 더위에 대비하여 남부 지방에서는 대청마루가 발달했고, 겨울철에 강설량이 많은 울릉도에서는 방설벽인 우데기가, 제주도에서는 강풍에 대비하여 그물 지붕이 나타난다.

그 밖에 농업에도 북부 지방에서는 북서풍을 막기 위해 동서 방향의 밭이랑을 만들었고, 관서 지방에서는 봄철 가뭄에 대비하여 흙을 곱게 부수고, 가볍게 밟아주며, 짚이나 풀로 표면을 덮어주어 토양의 수분 증발을 최소화해서 작물 뿌리가 마르지 않도록 하는 진압 농법이 발달했다. 또한 벼농사에서 못자리의 모를 논에 옮겨 재배하는 이앙(移秧, 모내기)과 같은 혁명적인 농법을 개발했으며, 가뭄에 대비하는 보(洑)와 같은 수리시설 개발에도 힘썼다.

내행성의 위치관계

정의 내행성(inferior planet), 즉 지구보다 안쪽 궤도에서 태양을
공전하는 행성의 지구와의 위치 관계다.

해설 태양계를 구성하는 행성 중에 지구보다 안쪽 궤도에서 태양
주위를 돌고 있는 행성들로 수성과 금성이 내행성에 속한
다. 지구에서 보아 태양의 중심 방향과 행성의 방향 사이의 각도를
이각(離角, elongation)이라고 한다. 내행성은 지구보다 궤도 반경이
작기 때문에 지구에서 보았을 때 태양으로부터 특정 각 이상 벗어나
지 않게 되는데, 행성이 태양의 동쪽 또는 서쪽에 보이는 데에 따라
동방이각 또는 서방이각이라고 하며 그 방향으로 가장 멀리 떨어진
경우를 동방최대이각 또는 서방최대이각이라고 부른다. 금성의 최대
이각은 48°이고, 수성은 때에 따라서 다르지만 18~28°다. 최대 이각
의 위치에 있을 때 지구에서는 가장 오랜 시간 동안 내행성을 관측할
수 있다. 동방최대이각과 서방최대이각에 위치할 때는 각각 상현달

과 하현달 모양으로 보인다. 수성의 경우 금성보다 최대 이각의 차이가 많은 나는 이유는 공전궤도이심률이 크기 때문이다. 두 행성은 지구에서 관측했을 때 최대 이각 이상의 각도로 태양에서 벗어나지 못하므로 내행성은 일출이 있기 조금 전이나 일몰 후 얼마 지나지 않은 시간 내에서만 관측할 수 있다. 또한 태양과 내행성, 지구가 일직선을 이루는 경우가 있는데, 지구에서 보았을 때 내행성이 태양의 뒤쪽으로 가는 경우를 외합이라 하고, 앞쪽으로 오는 경우를 내합이라 한다. 행성이 합의 위치에 있을 때는 햇빛 때문에 행성을 관측하기 어렵다. 수성, 금성의 위상은 내합의 위치에서는 삭이, 외합의 위치에서는 망(보름달) 위상이 된다.

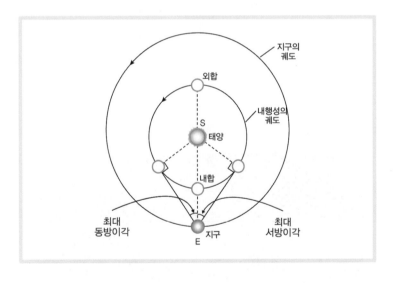

내행성의 상대적인 위치가 1 → 2 → 3 → 4 → 5(동방이각)로 이동하는 동안에는 초저녁 서쪽 하늘에서 관측되고 위상은 '망→ 망과 상현 사이→ 상현→ 초승→ 삭'의 순으로 변해간다. 지구와 내행성 사이의

거리가 가까워지므로 시직경이 커진다. 5→6→7→8→1(서방이각)로 이동하는 동안에는 새벽녘 동쪽 하늘에서 관측되고 위상은 '삭 → 그믐→ 하현→ 하현과 망 사이→ 망'의 순으로 변해간다. 지구와 내행성 사이의 거리가 멀어지므로 시직경이 작아진다.

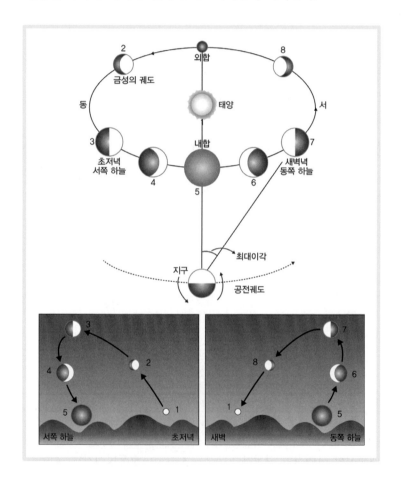

갈릴레오 갈릴레이의 지동설

이탈리아의 과학자 갈릴레이(Galileo Galilei, 1564~1642)는 "그래도 지구는 돌고 있다"는 말을 남긴 것으로 알려져 있다. 중세유럽에서 천동설을 진리로 믿는 로마 가톨릭 교회는 지동설을 금기시하여 박해했다. 프톨레마이오스(Claudius Ptolemaeos, 127~145년에 알렉산드리아에서 활동, 생몰연대 미상)의 굳건한 천동설에 대하여 폴란드의 천문학자 코페르니쿠스(1473~1543)는 지동설을 주장하여 근대 과학의 획기적인 전환 이른바 '코페르니쿠스의 전환'을 가져왔다.

당시 정황상 종교재판을 받아 사형당할 것이라는 우려 때문에 지동설이 담긴 그의 『천체의 회전에 관하여(De revolutionibus orbium coelestium)』는 1543년 그가 죽은 그해에 제자들에 의해 발표되었다. 책에 대한 즉각적인 반응은 매우 미약했으나 시간이 흐를수록 널리 퍼져 나갔으며, 1616년 로마 가톨릭 교회가 금서 목록에 추가했다.

코페르니쿠스 이후 이탈리아의 철학자 조르다노 브루노(Giordano Bruno, 1548~1600)가 코페르니쿠스의 지동설에 기초하여 자연을 무한한 우주라 생각하고, '생겨난 자연(사물)'은 '창조하는 자연(신)'의 현현이라고 생각하는 범신론을 주장하여 이단으로 몰렸다. 그는 '지동설과 범신론을 주장하는 이단자'라는 죄목으로 7년 동안 투옥되었으나, 끝내 자신의 주장을 굽히지 않아서 화형에 처해졌다.

갈릴레이는 코페르니쿠스의 지동설이 옳다는 것을 확신하고 자신이 제작한 망원경으로 천체를 관측하여 1601년 증거를 발표했다. 이에 대해 천동설을 주장하던 로마 교회는 6년 후 "지동설은 철학적으로 불합리하며, 신학적으로는 이단"이라는 판결을 내리고, 지동설에 대한 합법적 제재를 가했다. 그러나 갈릴레이는 이에 굴하지 않고 계속 연구를 거듭하여 1632년 지동설을 설명하는 『두 개의 우주체계에 관한 대화(Dialog Sopra i due massimi ssitemi del mondo)』를 출간했다. 이 때문에 이듬해 그는 로마의 이단심문소에 불려가 화형을 받든가, 지동설을 버리든가 해야 하는 선택의 기로에 서게 되었다. 이런 종교적 마녀사냥에 대하여 갈릴레오는 지동설을 버리기로 맹세한 후 종신금고의 판결을 받게 되고 감시가 딸린 가택연금으로 감형되었는데, 그에 대한 감시는 죽을 때까지 계속되었다.

그가 재판을 받은 뒤 "그래도 지구는 돌고 있다"고 한 이야기는 너무나도 유명하다. 하지만 이것은 18세기에 만들어진 말로, 그의 지동설에 대한 의지를 전설로 표현한 것이다. 실제로 그렇게 말했다면 그는 당장 처형되었을 것이다. 갈릴레이가 금성 관측을 통해 지동설을 입증한 내용을 살펴보자.

갈릴레이는 직접 만든 망원경으로 달과 태양을 관찰했고, 여기에서 크레이터와 흑점을 보며 신의 존재를 부정했으며, 목성 주위를 공전하는 4개의 위성을 발견하면서 모든 천체가 지구를 중심으로 돌고 있다는 천동설의 기본 가정을 반박했다. 이후 금성의 관측을 통하여 자신의 생각을 확실히 믿고 드디어 금성의 위상 변화 관측으로부터 지동설을 입증하게 되었다.

실제 관측되는 금성의 위상 변화는 그림과 같이 반달보다 큰 위상과 함께 달과 같이 다양한 형태의 위상이 관측된다.

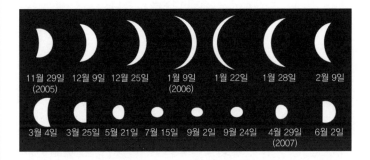

이 사실은 지동설을 지지하는 강력한 증거로 갈릴레이에 의해 관찰·제시되었다. 다음 그림에서와 같이 금성의 위상 변화는 천동설에서는 설명이 불가능하지만 지동설에서는 설명이 가능하다.

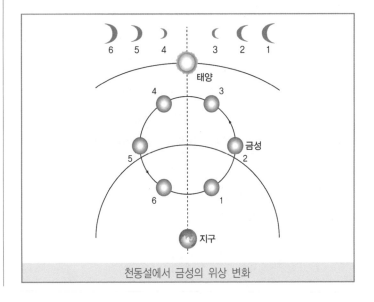

천동설에서 금성의 위상 변화

내행성의 위치관계

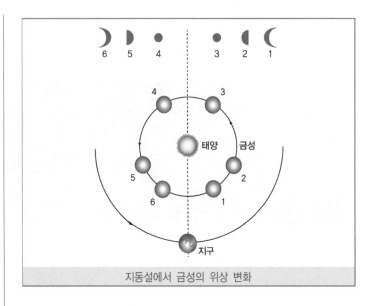

지동설에서 금성의 위상 변화

천동설에서 금성은 주전원을 그리며 이심원을 따라 공전하므로 금성이 항상 태양과 지구 사이(1~6 위치)에 위치하여 초승이나 그믐의 위상으로만 관측된다. 금성이 어디에 있어도 망(보름달) 의 위상이 될 수 없다.

반면, 지동설에서는 금성이 태양 반대편에 위치할 수 있으므로 초승이나 그믐뿐 아니라 상현이나 하현, 망과 같은 위상으로도 관측된다. 금성이 태양의 건너편(3~4위치)에 있으면 망(보름달) 위상으로 보인다.

코페르니쿠스가 지동설의 이론을 세웠다면, 갈릴레이는 그 지동설을 천체의 움직임을 통해 입증했으므로 위대하다고 할 수 있다.

높새바람

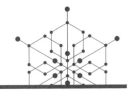

정의 높새바람〔푄(Föhn) 현상〕은 늦봄부터 초여름에 걸쳐 태백 산맥을 넘어 영서 지방으로 부는, 농작물에 피해를 주는 고온건조한 북동풍이다.

해설 높새바람의 어원을 보면 높새의 '높'은 '北'을 뜻하는 고유어 이고, '새'는 '東'을 뜻하는 말로서 뱃사람들이 북동쪽에서 불어오는 북동풍을 가리키는 말이다. (참고로, 동풍은 샛바람, 서풍은 하늬바람, 남풍은 맞바람, 북풍은 높바람이다.)

공기가 산 사면을 타고 상승하여 비를 내리고 산맥을 넘은 후 고온 건조해지는 흐름을 푄 현상이라고 한다. 우리나라에서는 이를 높새 바람이라고 하며, 늦은 봄에서 초여름에 걸쳐 동해로부터 태백산맥을 넘어 불어오는 고온건조한 바람이다. 이로 인해 태백산맥을 경계로 영동 지방과 영서 지방의 기온과 강수량, 습도 등이 차이가 많이 난 다. 영동 지방은 지형성 강수현상이 나타나고, 태백산맥을 넘는 북동풍으로 인해 태백산맥 서쪽 지역은 고온건조한 높새바람으로 인해 가끔 농작물의 가뭄 피해를 입는다. 이 현상은 오호츠크 기단이 한반도 북동 해상에 자리 잡는 시기에 일어나며, 북동 해상에 오호츠크해 고기압의 중심을 두고 습윤한 북동 기류가 태백산맥을 넘으면서 단열 변화의 원리로 인해 일어난다.

다음 그림과 같이 공기가 A에서 산 정상을 지나 E로 이동할 때, 산 사면을 타고 상승하면 단열팽창에 의해 기온이 내려간다. C 지점 높이에 이르면 기온과 이슬점이 같게 되어 응결이 일어나 구름이 생성된다. C~D 구간은 포화상태이므로 공기가 상승하는 동안 기온 감소율이 작아진다. D 지점부터는 공기가 하강하면서 단열 압축되어 공기가 상승하게 된다.

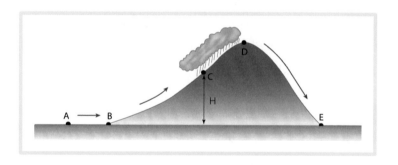

- B→C 구간에서 기온은 건조 단열 감률(1℃/100m)로 감소, 이슬점 온도는 이슬점 감률(0.2℃/100m)로 감소한다.

- C 지점은 구름이 생성되는 상승 응결 고도로 기온과 이슬점이 같아진다.

- C→D 구간에서 기온은 습윤 단열 감률(0.5℃/100m)로 감소, 이슬점 온도는 습윤 단열 감률로 감소한다.

• D→E 구간 공기의 온도는 건조 단열 감률로 증가, 이슬점 온도
는 이슬점 감률로 증가한다. 결국 산을 넘기 전 A 지점의 공기에
비해 산을 넘어온 E 지점의 공기는 고온건조해진다.

높새바람은 습기를 가진 공기가 산지를 거슬러 올라갈 때는 100m마
다 약 0.5도씩 기온이 낮아지면서 구름이 형성되고, 비(지형성 강우)
를 뿌리기 때문에 건조한 공기로 바뀌게 된다. 한편, 반대쪽의 산지를
내려올 때는 기온이 100m마다 약 1도씩 올라가기 때문에 고온건조한
바람으로 변화된다.

푄 현상의 어원과 조상들의 생각

'푄(Föhn)'은 라틴어 favonivs에서 유래하는데 '서풍'이란 뜻이다.
유럽의 알프스 계곡, 특히 라인 강 상류, 중앙유럽의 Reussr 계곡
및 Aar 계곡에서 현저하게 발달한다. 푄은 원래 알프스 산지의
풍 하측에 나타나는 서풍으로 고온건조한 국지풍의 명칭이었으
나, 이러한 현상이 세계 도처에서 발견되므로 현재는 일반적으로
풍 하측 사면에서 불어내리는 고온건조한 바람으로 일컬어지는
데 크게 알프스 지역의 푄과 북미 로키 산지 지역의 치누크
(chinook) 등이 알려져 있다.

푄 현상이 장기간 계속되는 경우에는 풍 하측에 건조한 사막이
형성되는데, 이렇게 형성된 사막을 비그늘 사막이라 부른다. 세
계의 최고봉들로 이루어진 히말라야 산맥에 가로막힌 몽골의 고
비 사막과 중국의 타클라마칸 사막이 비그늘 사막의 대표적인
예다.

푄 현상에 대한 옛사람들의 인식은 이중환(李重煥, 1690~1756)의
『택리지』를 통해 엿볼 수 있다.

> 영동 사람들이 농사철에 동풍이 불기를 바라고, 호서 · 경
> 기 · 호남 사람들은 동풍을 싫어하고 서풍이 불기를 바란다.
> 이렇게 좋고 싫음을 서로 달리하는 까닭은 그 바람이 산을
> 넘어 불어오는 까닭이다. 동쪽에 산맥이 막혀 있는 지방에는
> 동풍에 의한 농작물의 피해가 매우 커서 심할 때는 논밭의
> 물고랑이 모두 마르고 식물은 타버린다. 피해가 적을 때도
> 벼 잎과 이삭이 너무 빨리 마르기 때문에 벼 이삭이 싹트자
> 마자 오그라들어 자라지 않는다.

이것은 농경사회에서 기후를 농사와 관련하여 얼마나 중요하게
여겼는지를 느끼게 하는 내용으로, 우리 조상들은 푄 현상에 대하
여 일찍이 잘 알고 있었다.

높새바람과 반대로 서에서 동으로 서풍이 불 때도 마찬가지로 푄
현상이 나타난다. 한반도는 겨울철 전형적인 서고동저형의 기압
배치로 북서풍이 유입된다. 겨울철에 영서 지방보다 영동 지방이
따뜻한 이유 중의 하나도 차가운 북서계절풍이 태백산맥을 넘으
면서 푄 현상이 발생하기 때문이다. 영동 지방이 북서풍에 대하
여 풍 하측에 위치하여 영서 지방보다 따뜻하다.

단층

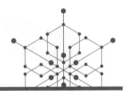

정의   단층(斷層, fault)은 암석이 힘을 받아 상대적으로 이동하여 어긋난 구조를 말한다.

해설   암석 중에 생긴 틈을 경계로 양쪽의 암반이 상대적으로 이동하여 어긋나는 현상을 단층이라고 한다. 단층면이 경사져 있을 때, 단층면 위의 암반을 상반이라 하고, 아래쪽 암반을 하반이라 한다. 단층의 성인은 암반에 가해지는 장력과 횡압력에 의한 것인데, 장력이 작용할 때에는 상반이 아래쪽으로 이동한 정단층이, 횡압력이 작용할 때에는 상반이 위쪽으로 이동한 역단층이 만들어진다.

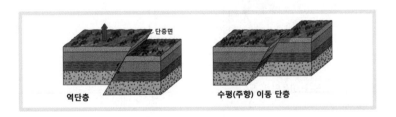

역단층   수평(주향) 이동 단층

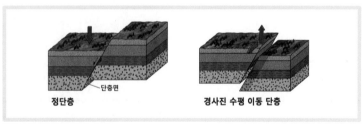

┃단층의 종류와 이동 방향

단층의 가장 일반적인 구조인 정단층과 역단층에서 그 명칭에 '정(正)'과 '역(逆)'이 들어간 이유는 무엇일까? 그것은 단층이 생성된 이후 단층 구간 내에 지층의 역전이 발생하는 여부에 달려 있다. 정단층의 경우에는 단층이 일어난 지층의 전 구간에서 결층은 생길 수 있어도 지층의 역전은 일어나지 않는다. 반면, 역단층의 경우에는 보

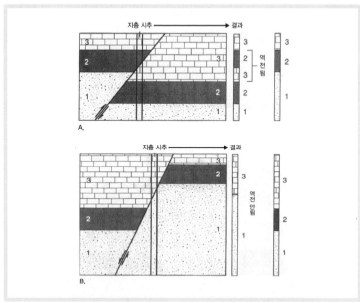

┃역단층과 정단층 이름의 유래
　(역단층 A에서는 지층의 생성 순서가 역전되는 구간이 존재함)

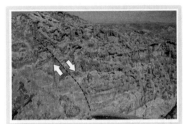
| 정단층(멕시코, Jim Wark)

| 역단층(M. B. Miller)

| 수평이동단층(네바다, M.B. Miller)

다 새로운 지층이 오래된 지층의 아래에 놓이게 되는 역전 현상이 일어난다.

단층은 모든 종류의 암석에서 일어날 수 있으나, 퇴적암에는 층리가 잘 발달되어 있어 지층이 서로 어긋난 것을 쉽게 알 수 있는 반면 결정질 암석인 화성암이나 변성암은 단층면을 경계로 양쪽의 암석이 거의 같은 암상과 조직을 보이므로 암반의 이동량을 확인하기 어려워 단층이 일어났는지 여부를 판별하기가 쉽지 않을 때도 있다.

이런 경우에는 단층운동의 결과로 단층 주위에 발달하는 파쇄대(fractured zone), 단층점토(fault clay), 단층활면(slickenside), 단층각력(fault breccia) 등을 확인함으로써 단층의 세기와 이동 방향을 판별할 수 있다.

단층면을 경계로 양쪽 암반은 대체로 큰 무게를 가지고 움직이며, 이때 단층면에서는 큰 마찰 에너지가 발생된다. 이 마찰 에너지는 암석을 부러뜨리면서 각력이나 점토를 만들기도 하고, 열로 작용하여 단층 표면의 규산염 광물을 녹이는 경우도 있다. 단층면에서 녹은 이러한 광물들이 냉각될 때 이동 방향에 따라 비교적 나란하게 긁힌 줄무늬를 가지는 반짝이는 면을 만드는 데 이를 단층활면이라고 하며, 자세히 관찰하면 요철이 심한 굴곡된 면으로 되어 있다.

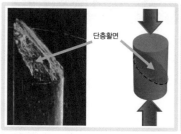

| 단층활면의 생성 원리

| 단층활면의 결 방향(파주 파평리)

정단층이 여러 개 발달된 지역에서는 단층 사이에 지괴가 낮게 떨어져 지구가 생성되며, 지구 사이의 높은 부분을 지루라고 한다. 정단층은 판이 갈라지는 해령의 중심부에 잘 발달된다. 이때 정단층은 아래로 떨어져 지구가 형성되는데, 지구는 긴 골짜기를 이루는 경우가 많다.

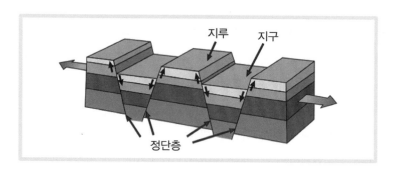

활성 단층대에 위치한 핵발전소

활성 단층이란 지진이 일어날 가능성이 있는 지금도 살아 움직이는 단층을 말한다. 구체적으로는 가장 최근의 지질시대인 신생대 제4기(2,600만 년 전~현재)에 단층 운동이 있었거나 앞으로 활동할 가능성이 있는 단층을 일컫는다. 학계에서는 활성 단층이 지진의 진앙이 되는 것으로 보고 있다. 단층이 살아있으면 균열면의 움직임에 따라 땅이 꺼지고 흔들리는 지진이 일어나거나 사람이 잘 느끼지 못하는 흔들림이 발생하기도 한다. 활성 단층의 기준은 국가마다 조금씩 다르며, 우리나라는 원전 부지 선정 시 미국 원자력규제위원회(US NRC)의 기준을 중시하고 있다. 이 기준에 의하면 활성 단층은 현재부터 3만 5,000년 전 이내 1회, 또는 50만 년 전 이내 2회 활동이 있었던 단층이다. 또 이 지침은 원전으로부터 8km 이내에 길이 300m 이상이나 32km 이내에 1.6km 이상의 단층이 발견되고 이 단층이 활성 단층일 경우 예상되는 최대 진도 등을 평가, 원전 설치 결정에 반영하도록 하고 있다. 정부는 지난 1995년 핵폐기물 처분장 건설 유력 후보지로 굴업도를 선정했지만, 이 지역에 활성 단층이 발견되어 백지화한 바가 있다.

한국지질자원연구원의 조사에 의해 한반도 제4기 단층의 존재가 확인되었다. 제4기 퇴적층에 나타나는 단층은 활성 단층이 많이 분포하는 것으로 조사되었다. 한반도 남동부의 신생대 제4기 단층들은 양산단층과 울산단층의 연장선을 따라 집중적으로 발달하며, 동해 연안의 해안 지역에서도 일부 발달했다. 양산단층의 주변의 지질 조사, 항공 사진, 트렌치 조사를 통해 밝혀진 신생대 제4기 단층의 분포는 청하와 강동 및 언양－양산 구간에 제한적으로 분포하고 있음이 알려졌다. 2016년 일어난 경주 지진도 우리나라 활성 단층 중 양산단층에서 일어났다. 경주에는 월성 원전을 비롯해서 방사능 폐기물 처리장까지 있고 양산단층 주위에는 월성 원전 외에도 기장의 고리 원전도 있어서 원자력발전의 안전 문제가 대두되고 있다. 대부분의 전문가들의 말대로 경상도 지역에 있는 단층의 길이가 그렇게 길지는 않아서 규모가 큰 지진은 올 가능성이 적다고는 하며 안전 설계에 따라 핵발전소가 건설되었다고 한다. 그러나 러시아의 체르노빌 원전 사고, 일본의 2011년 동일본 대지진으로 인한 후쿠시마 원전 사고를 경험했기에 우리나라도 지진에 대비하여 원자력발전소 안전 체계를 한층 강화해야 할 것이다.

달의 위상 변화

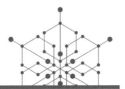

정의 달은 스스로 빛을 내지 못하고 햇빛을 받아 반사하는 부분만 밝게 보이며, 달의 공전에 따른 지구 – 태양 – 달의 위치 변화에 따라 지구에서 보았을 때 겉보기 모양이 변하는데, 이를 위상 변화라 한다.

해설 달의 위상이 달라지는 원리는 달이 스스로는 빛을 내지 않는 천체이기 때문에 태양 빛을 받고 있는 달의 반구는 밝지만 반대쪽 반구는 암흑 상태가 되며, 그와 같은 달을 지구에서 바라볼 때 밝은 반구 전체를 보게 되면

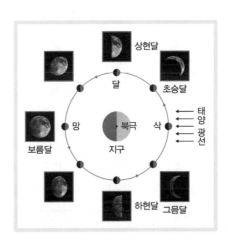

망, 암흑 상태인 반구 전체를 보면 삭이 되기 때문이다. 달 표면의 밝은 부분의 모양은 지구에서 본 달과 태양의 각도에 따라 결정되고 각각의 달의 위치와 위상은 그림과 같이 나타난다.

✅ 이각과 위상과의 관계

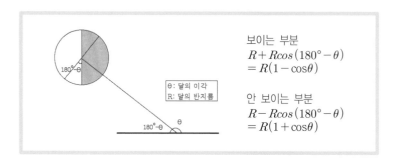

보이는 부분
$R + Rcos(180° - \theta)$
$= R(1 - \cos\theta)$

θ: 달의 이각
R: 달의 반지름

안 보이는 부분
$R - Rcos(180° - \theta)$
$= R(1 + \cos\theta)$

한반도에서 관측한 달을 보면 초승달은 음력 3~4일경으로 오른쪽이 얇은 눈썹 모양의 달로 초저녁에 서쪽 하늘에 낮게 관측된다.

상현달은 음력 7~8일경으로 한낮에 떠서 18시쯤에 남중하고 자정 가까울 무렵 서쪽 하늘에 지는 오른쪽만 밝은 반달이다.

망은 음력 15일경 일몰 무렵에 떠서 일출 무렵에 지는 동그란 모양의 달로 자정 무렵에 남쪽 하늘에서 관측된다.

하현달은 음력 22~23일경 자정 무렵에 떠서 6시쯤에 남중하고, 정오 무렵에 서쪽 하늘에 지는 왼쪽만 밝은 반달이다.

그믐달은 음력 27~28일경으로 새벽에 동쪽 하늘에서 볼 수 있는 왼쪽이 얇은 눈썹 모양의 달로, 새벽에 동쪽 하늘에서 낮게 관측된다. 이후에는 달이 지구와 태양 사이에 있는 시기라 태양이 달의 뒷면만 비추어 이때 우리는 달의 밝은 부분을 볼 수 없게 되는데 이를 삭이라고 한다. 달은 지구 주변을 공전함에 따라 삭을 지나 초승달, 상현달,

보름달, 하현달, 그믐달의 순서로 위상이 달라진다.

이렇게 달의 위상이 다시 원래의 모양으로 돌아오는 데 걸리는 기간은 약 한 달(29.5일)이다. 북반구와 남반구에서 보는 달의 모습은 마치 거울에 비친 모습처럼 반대로 보인다. 다시 말해 남반구에서의 위상 변화는 북반구에 있는 사람이 물구나무를 서서 달의 위상 변화를 본다고 생각하면 쉬울 것이다.

달의 위상 변화가 일어나는 과정에서도 지구에서 달의 표면을 보면 언제나 똑같은 면만 보이는 것을 알 수 있다. 즉, 달은 언제나 같은 면을 지구로 향하고 있다(칭동 현상에 의해 달의 공전 궤도 위아래로 약간 움직이기 때문에 전체 면적의 59% 가량이 보인다).

우리가 달의 뒷면을 볼 수 없는 이유는 그림에서 보듯 달이 1회 공전하는 동안 정확히 1회 자전하기 때문이다. 달은 아주 오래 전에는 자전 주기가 짧았지만 달에 미치는 지구의 기조력 때문에 달의 자전 속도를 조금씩 늦추며 지금처럼 자전 주기와 공전 주기가 같아지게 되었다.

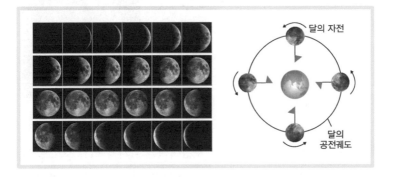

달에 얽힌 전설

동서양을 막론하고 달에 관한 다양한 전설이 있으며, 달의 바다와 육지가 만들어내는 표면 모양에 대한 상상도 다양하다. 표면에서 검게 보이는 부분은 고도가 낮은 지역으로 주로 현무암으로 이루어져 있는데 '바다'라고 불린다. 바다는 바다인데 실제로 물이 없는 바다다.

동아시아 전설에서는 달에 사는 토끼를 옥토끼, 은토끼로 표현하며 두꺼비와 함께 영적인 동물로 여겼다. 한국, 일본, 중국을 비롯해 인도에까지 달에는 토끼가 살고 있다는 설화가 남아 있다. 특히 한국 및 중국에선 계수나무 밑에서 절구 떡방아를 찧고 있는 토끼의 모습이 많은 문헌과 그림에 남아 있는데, 이것은 달의 바다를 잘 연결하여 토끼의 모양으로 보았기 때문이다. 우리 조상들은 달에서 토끼 외에 절구 부분에서 두꺼비를 찾아냈는데, 고구려 벽화에서는 토끼를 무시하고 두꺼비만 그려놓기도 했다.

한국에서는 달 토끼가 떡을 찧고 있다고 전해지지만, 전통적으로 달 토끼가 만드는 것은 불로장생의 약으로 알려지고도 있다.

중국 전설에 따르면 예라는 이름의 남자가 신에게 불로장생의 약을 받았는데, 이 약을 아내가 훔쳐 마셔 신선이 되었지만 그 벌로 달의 두꺼비가 되었다고 한다. 그리고 오강이라는 남자가 벌로 도끼로 찍어도 찍힌 자국이 계속 사라져버리는 계수나무를 찍어 넘어뜨리기 위해 계속 도끼질을 하는 모습이라는 전설도 있다.

한국에서는 남매가 해와 달이 되었다는 '해님달님' 이야기가 전해

오며, 그리스·로마 신화에서도 아르테미스의 달의 여신과 아폴론의 태양의 신이 나온다.

중국이나 유럽 등에서는 달을 보고 토끼가 아닌 다른 동물로 보기도 했는데, 예를 들어 잔뜩 웅크린 두꺼비나 코가 큰 귀여운 당나귀, 한쪽 집게발을 처든 게, 책 또는 거울을 들고 있는 여인으로 표현했다. 특히 유럽에서 달의 무늬를 보고 그렸던 여인의 옆모습은 우측에 보이는 달의 육지를 연결하여 여인의 목에 눈부시게 밝은 목걸이가 걸려 있다고 표현했다.

서양에서는 고대부터 보름달은 불길한 징조, 공포의 상징으로 여겼으며, 13일의 금요일에 보름달이면 외출을 삼갔다. 이야기 속에서 유령과 사람이 늑대로 변하는 것은 보름달이 뜰 때 이루어지는 것으로 묘사했다.

이에 반해 동양에서는 처녀귀신이나 도깨비는 달이 없는 그믐 무렵에 활동하는 것으로 그려졌다. 동양의 보름달은 달맞이 행사에서 보듯이 좋은 의미로 여겨졌다. 한국에도 고대부터 달을 숭배하는 풍습이 있었는데, 실제로 한국에서 한 해의 시작은 음력의 정월대보름이었는데 이는 대보름이 한 해의 첫 보름달이기 때문이다.

대기 대순환

정의 대기 대순환(大氣大循環, atmospheric general circulation)
은 지구 규모로 일어나는 대기의 순환을 말한다.

해설 대기 대순환의 발생으로 지표가 차등 가열되어 지구 전체의
에너지 평형이 이루어진다. 적도지방의 남은 열이 극지방으
로 운반되어 지구는 전체적으로 에너지 평형을 이룬다.

대기 대순환은 3개의 연직 순환계의 풍계로 이루어진다. 기온이 높은
적도에서 상승 기류가 발달하여 극지방으로 이동하게 되므로 적도지
방은 저압대가 형성되고, 상승한 공기가 북으로 이동하여 위도 30°
부근에 도달했을 때는 하강 기류가 형성되어 고압대를 형성한다. 하
강한 공기는 각각 무역풍과 편서풍을 이루어 이동하고 위도 60° 부근
에서는 극지방의 극 고압대에서 남으로 이동하는 찬 공기를 만나 한
대전선대를 형성한다. 결국 지구 자전을 고려하면 해들리 순환, 페렐
순환, 극 순환의 3개 순환으로 구성된다. 해들리 순환과 극 순환은

열 대류현상으로 생성된 직접 순환(열적 순환)이라 하며, 페렐 순환은 해들리 순환과 극 순환 사이에 간접 순환(역학적 순환)으로 나타난다.

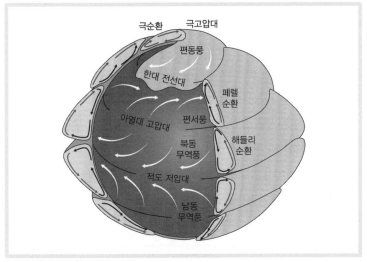

| 지구 대기 대순환

자전하는 지구에서는 전향력이 작용하므로 북반구의 바람은 원래의 이동 방향에 대하여 오른쪽으로, 남반구의 바람은 왼쪽으로 휘어져 분다. 또 적도에서 가열된 공기가 상승하면 상층에서 고위도 쪽으로 발산된다. 위도가 높아질수록 전향력이 강하게 작용하며, 극 쪽에서 불던 바람의 방향은 위도 약 30° 지역에 이르면 더 이상 공기가 극 쪽으로 진행하지 못하고 수렴한다. 이때 상층에서 수렴된 공기가 위도 약 30° 지역에서 하강하면서 적도와 나란한 방향으로 지표면에 아열대 고압대를 형성한다.

이 지역에서 공기가 침강하는 이유는 적도에서 따뜻해졌던 공기가

고위도로 이동하는 동안 냉각되어 무거워졌기 때문이다. 위도 약 30°
지역의 지표에 형성된 고기압에서 바람은 북반구에서는 시계 방향,
남반구에서는 시계 반대 방향으로 불어 나간다. 이때 고위도 쪽으로
불어가는 바람이 지상의 편서풍을 형성하고, 적도 쪽으로 불어가는
바람이 무역풍을 형성한다. 한편 남극과 북극의 차가운 공기는 고기
압을 형성하며, 중심에서 저위도 쪽으로 극동풍이 되어 불어 나간다.
해들리 순환은 지구의 대기 대순환에서 위도 0~30° 지역에서 열적
원인에 의해 일어나는 직접순환으로 적도 지역에서 열을 받아 상승
한 기류는 상공에서 고위도로 이동하다가 위도 30° 부근에서 열을
잃어 하강한다. 하강한 공기의 일부는 다시 지표면을 따라 저위도로
이동하여 적도에서 다시 상승하는 순환을 한다. 이 순환은 영국의
기상학자 조지 해들리(George Hadley, 1685~1768)의 이름을 따서
지어졌다.

페렐 순환은 지구의 대기 대순환에서 적도~위도 30° 사이의 해들리
순환과 60°~극 사이의 극 순환이라는 두 개의 직접 순환으로 인해
간접적으로 일어나는 순환을 말한다. 위도 30°N의 아열대 고압대에
서 하강한 공기가 60°N에서 상승하여 발생하는 간접 순환으로 페렐
순환은 지표 부근에서의 편서풍은 잘 설명하지만, 상층에서의 편서풍
은 잘 설명하지 못한다. 따라서 페렐 순환은 지표 가까운 곳의 순환
으로 제한하고 위도 30° 지역의 따뜻한 상층의 공기가 위도 60°지역
으로 불어 들어가며 상층의 편서풍을 생성한다는 이론으로 설명하고
있다. 이 순환은 대기 대순환 모형을 연구한 미국의 기상학자 윌리엄
페렐(William Ferrel, 1817~1891)의 이름을 따서 지어졌다.

극 순환은 위도 60° 부근에서 성질이 다른 두 기단이 만난다. 그 하나
는 위도 30°에서 침강하지 않고, 계속 이동하여 극에 이르러 침강한

후 지면을 따라 남하한 공기며, 다른 하나는 위도 30°에서 침강하여
북상한 공기다. 극에서 내려온 공기보다 위도 30°에서 올라온 공기가
기온이 높아 더 가벼우므로 전선을 이루며 상승한다. 이 전선을 한대
전선이라 한다. 한대 전선을 만들면서 상승한 공기는 극에 이르러 침
강하여 위도 60°와 극 사이에서 순환한다. 이 순환을 극 순환이라 하
는데, 해들리 순환과 같이 열적 원인에 따라 일어나는 직접 순환이다.
여러 규모의 대기 순환은 수평 규모와 시간 규모에 따라 미규모, 중규
모, 종관규모, 지구규모 등으로 구분한다. 미규모 순환은 수초에서
수분 동안 지속하는 현상으로 수 mm에서 수백 m 수평 규모를 갖는
다. 수평 규모가 수백 m에서 수백 km이고, 수 일 정도 지속되는 대기
운동을 중규모 순환이라 한다. 수평 규모가 수백 km에서 수천 km의
대기 운동을 종관규모 순환이라 한다. 수천 km의 수평 규모를 가지
며 수주에서 수개월까지 지속되는 대기 운동을 지구규모라 한다.

| 대기 순환의 공간적 · 시간적 규모 |

대기 순환	수평 규모(km)	시간 규모	전향력의 영향 여부	현상의 예
미규모	0.001~0.01	수 초~수 분	영향을 거의 받지 않음	난류
중규모	0.1~100	수 분~수 일		뇌우, 해륙풍, 토네이도
종관규모	100~1,000	수 일~1주일	영향을 크게 받음	저기압, 고기압, 태풍
지구규모	1,000~10,000	수 일 이상		편서풍, 계절풍

대기 대순환과 해류

대기 대순환이 에너지의 평형을 이루기 위한 공기의 이동이라면, 해수 순환은 대기의 대순환에 의한 지속적인 바람에 의해서 해류가 발생하며 저위도의 에너지를 고위도로 이동하여 지구 전체 에너지의 균형을 맞춘다.

해류는 일정한 방향으로 흘러가는 바닷물의 흐름으로, 표층 해류는 해수 표면에 일정한 방향으로 오랫동안 부는 바람에 의해 발생한다. 무역풍의 영향으로 북적도 해류, 남적도 해류가 발생하며, 편서풍의 영향으로 북태평양 해류, 북대서양 해류, 남극 순환류 등이 발생한다.

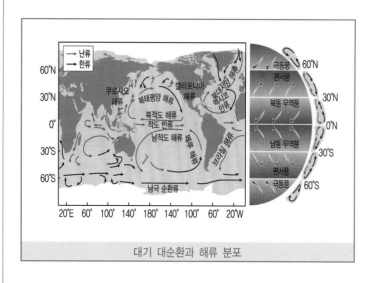

대기 대순환과 해류 분포

해수 순환의 특징은 수륙 분포에 의해 여러 개의 순환으로 나뉘며 북반구와 남반구에서 각 해류의 순환 방향은 서로 대칭을 이루고 있다. 해류는 북반구에서는 시계 방향으로, 남반구에서는 시계 반대 방향으로 순환한다. 즉, 해류는 북반구에서는 오른쪽으로, 남반구에서는 왼쪽으로 전향한다. 이것은 지구의 자전으로 생기는 전향력의 영향 때문이다. 이 결과로 두 반구에서 순환은 반대 방향으로 일어난다.

해수의 순환으로 난류와 한류가 형성되어 흐르면서 저위도의 과잉 에너지를 고위도 지역으로 이동시켜 지구의 에너지 불균형을 해소한다.

대기 대순환

대륙 이동설

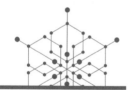

정의   대륙 이동설(大陸移動說, continental drift theory)은 독일의 기상학자 알프레드 베게너(Alfred Lothar Wegener, 1880~ 1930)가 주장한 학설로, 원래 하나의 초대륙(超大陸, supercontinent) 으로 이루어졌던 대륙들이 점차 떨어져 이동하면서 현재의 대륙 분 포를 이루었다는 이론이다.

해설   지구물리학자이기도 한 베게너는 1910년대 『대륙과 해양의 기원(Die Entstehung der Kontinente und Ozeane)』에서 대 류 이동설의 기초 개념을 처음 서술했다. 베게너는 석탄기 말기(약 3억 년 전)까지 여러 대륙은 하나의 거대한 초대륙을 이루었다고 가 정하고, 이 거대한 대륙을 판게아(Pangaea)라고 명명했다. 판게아는 약 2억 년 전 고생대 말기부터 분리되기 시작하여 현재 대륙의 위치 로 이동했다는 것이다(판게아는 '지구 전체'라는 뜻의 그리스어 pangaia 에서 유래한다).

베게너와 동료들은 이러한 주장을 증명할 수 있는 증거를 수집했다. 베게너는 대서양 양쪽에 있는 남아메리카와 아프리카의 해안선이 매우 유사하다는 것을 발견하면서 대륙 이동의 유력한 증거들을 수집하기 시작했다.

첫 번째 증거로 서로 떨어진 대륙에서 대규모 산맥과 암석의 분포를 찾았다. 베게너는 브라질에서 나타나는 화성암이 아프리카에서도 나타나는 것을 발견했고, 미국 동부 해안의 애팔래치아 산맥이 그린란드와 북유럽의 스칸디나비아에서도 발견되어 이를 서로 연결해보면 하나의 연속적인 산맥이 된다. 이러한 암석 구조의 유사성은 대서양 양쪽의 대륙들이 연결되어 있었던 증거라고 주장했다.

두 번째 증거는 남아메리카와 아프리카에 동일한 화석종이 존재한다는 것을 들었다. 인도, 남아프리카, 남미 및 호주에서는 다 같이 클로소프테리스와 간가모프테리스라는 식물 화석이 공통으로 발견된다.

마지막으로 고기후의 증거다. 인도, 아프리카, 남미 호주 등 대부분 현재 열대지방인 곳을 고생대 말 빙하가 덮고 있었다는 것을 알게 되었고, 보통 열대 지방에서 발견되는 석탄층이 남극 대륙에서 발견된다. 이러한 증거를 통해 대륙이 이동했다는 주장을 폈다. 그러나 대륙을 움직이게 하는 근본적인 힘을 설명하지 못해 많은 학자들의 지지를 받지 못했다.

| 해안선의 일치

| 지질 구조의 연속성

글로소프테리스 화석   메소사우루스 화석

| 고생물 화석 분포의 유사성

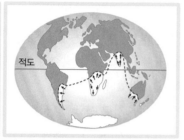

| 빙하의 흔적과 이동 방향

1928년 영국의 지질학자 아서 홈스(Arthur Holmes, 1890~1965)는 베게너가 설명하지 못한 힘의 근원을 맨틀 대류라 주장하여 맨틀 대류설(convection current theory)을 발표하는데, 지구 내부 방사성 원소의 붕괴가 열을 발생시켜 맨틀의 대류를 유도하고 맨틀과 지각판과의 마찰에 의해 한 개의 대류가 갈라져서 두 개의 대류가 형성되고 판이 이동한다는 이론이다.

대류 이동의 원동력이 맨틀의 대류임을 밝혔으나 증거를 제시할 수 없어 당시에는 받아들여지지 않았다.

맨틀 대류설은 1950년대 후반 지구 탐사 기술의 비약적인 발전으로 대류 이동설과 함께 다시 주목받게 되었다.

1950년대 이후 해저 조사에 의해 해령(海嶺), 해구(海丘)와 같은 해저 지형과 지자기 이상, 해저 퇴적층의 나이 등이 밝혀짐에 따라 이러한 사실을 설명하기 위해 미국의 과학자 헤스(H. H. Hess, 1906~1969)와 디츠(R. Dietz, 1914~1995)는 1962년 해저 확장설(海底擴張說, seafloor spreading hypothesis)을 발표했다.

해저 확장설은 해령에서 마그마가 분출하여 새로운 해양 지각이 형성되고, 열곡을 중심으로 서로 반대 방향으로 이동하면서 해저가 확장되어 가다가 해구에서 해양 지각은 맨틀 속으로 침강해 들어간다고 설명한다.

해양에서 해양 지각을 이루는 암석의 나이를 측정한 결과, 해령을
중심으로 해령에서 멀어질수록 해양 지각의 나이가 증가하고, 해저에
는 약 1억 8,000만 년 이상 된 암석이 거의 존재하지 않는다. 이러한
사실은 해령에서 생성된 해양 지각이 해령 양쪽으로 이동하여 해구
에서 섭입(攝入)하여 맨틀 속으로 섭입된다는 해저 확장설을 지지해
주고 있다.

해양판의 경우 발산 경계 부근에서 판의 이동 속도보다 섭입대 부근
에서 판의 이동 속도가 빠른 것으로 밝혀졌다. 이는 발간 경계에서
해구 쪽으로 이동하는 해양판은 냉각되어 밀도가 증가하면서 중력에
의해 섭입대에서 맨틀 속으로 빠르게 섭입되기 때문이다. 해저 확장
설의 증거로 해양 지각의 나이와 해저에 나타난 지구 고자기 줄무늬
의 대칭 구조, 변환 단층을 제시했다.

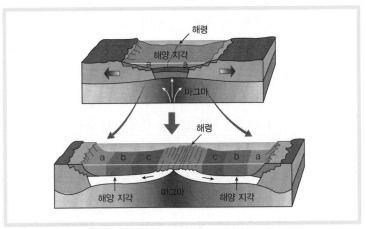

| 해저 확장설

판구조론과 플룸 구조론

판구조론(板構造論, plate tectonics)은 지구의 암석권은 수평으로 이동하는 수많은 지각판으로 이루어져 있다는 이론으로, 지각판이 상호 수평 이동을 함으로써 지각판의 경계부에서는 지진을 비롯한 여러 가지 지구조 운동이 일어난다. 대류 이동설에서 발전된 판구조론은 움직이는 대류을 여러 개의 지각판으로 정의하고 움직이는 원동력을 맨틀의 대류로 설명한다. 판은 지각과 최상부의 맨틀로 이루어진 암석권의 조각이며, 암석권의 조각이 유동성을 갖는 맨틀의 일부인 연약권 위를 움직임에 따라 지진 및 화산활동, 구조 산맥이 생겨난다는 이론이다.

1965년 토론토 대학의 윌슨은 변환 단층에 관한 논문을 통해 샌앤드리어스 단층대와 같은 변환 단층을 움직이면서 소멸하지 않는 판의 경계로 해석했고, 이후 판의 경계부와 지진 발생의 연관성을 규명하는 등 판구조론은 이후 지구과학의 혁명적인 이론으로 거의 모든 과학자들에게 인정받게 되었다.

최근에는 맨틀 대류의 문제점을 지적하며 판구조론을 보완하는 성격의 플룸 구조론(plume tectonics)이 주목받고 있는데, 플룸은 지구 내부에 뭉쳐진 열 덩어리가 상승 또는 하강함에 따라 생긴 줄기를 말한다. 줄기는 각각 뜨거운 플룸과 찬 플룸이 있고 플룸은 맨틀의 대류 현상으로 해석하고 있다. 이 가설의 주요 내용은 연약권까지로 한정된 판구조론과는 달리 맨틀 전체의 범위에서 지구 내부의 운동이 발생하며, 지구 내부에 생성된 플룸이 이러한 지구 운동의 근원이라는 점이다. 플룸은 지구 내부에서 상승과 하강을 반복하게 되고, 이러한 플룸의 작용이 지구 내부 운동 및 지각 변동에 영향을 줄 수 있다고 주장한다.

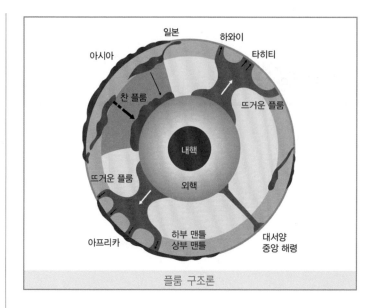

플룸 구조론

이렇듯 지구 내부와 지각 운동에 대한 연구는 과거 수많은 과학
자들의 땀과 열정으로 비약적인 발전을 거듭해왔으며, 현재도 더
욱 확고한 이론 정립을 위한 연구가 진행 중이다.

대폭발설

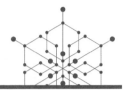

정의 대폭발설(大爆發說, big bang theory), 즉 빅뱅 이론은 우주는 시공간의 한 점에서 시작되었으며, 대폭발이 일어나 계속 팽창하여 현재와 같은 상태가 되었다는 이론이다.

해설 대폭발설은 우주 생성에 관한 이론으로, 약 137억 년 전 점과 같은 상태였던 초기 우주가 매우 높은 온도와 밀도에서 대폭발이 일어나 지금처럼 팽창된 우주가 만들어졌다는 이론이다. 이 이론에 따르면 대폭발 후 온도가 점차 낮아지면서 물질이 생성되었고, 이 물질과 에너지가 은하계와 은하계 내부의 천체들을 형성하게 되었다. 이 이론은 우주가 팽창하고 있다는 허블(Edwin Powell Hubble, 1889~1953, 미국의 천문학자)의 관측을 근거로 하고 있다. 현재도 우주는 계속 팽창하고 있으며, 먼 은하일수록 우리은하와 빠르게 멀어진다는 사실이 실증적으로 발견되었다.

대폭발설은 은하계의 후퇴, 우주배경복사, 우주의 물질 분포라는 세

가지의 경험적 증거에 의해 견고하게 지지받고 있다.

먼저 대폭발설의 첫 번째 증거인 우주가 팽창하고 있다는 사실은 허블이 처음 발견했다. 1929년 허블은 외부은하들의 스펙트럼에서 공통으로 적색편이가 나타난다는 관찰을 통해, 외부은하들이 우리은하로부터 빠른 속도로 후퇴하고, 후퇴 속도는 외부은하까지의 거리에 비례한다는 사실을 발견했다.

두 번째 증거인 우주배경복사는 우주가 대폭발을 하던 초기에 우주 전체로 퍼져나간 전파를 의미하는데 우주의 어느 방향에서나 감지할 수 있는 전파다. 1940년대 조지 가모프(George Anthony Gamow, 1904~1968)는 실제로 우주가 폭발에 의해 생겨났다면 초기 우주는 매우 온도가 높았을 것이며, 우주가 팽창함에 따라 우주의 온도가 점차 내려갈 것이며 절대 0도에 가까운 우주배경복사가 우주의 전 방향에서 마이크로파로 감지될 것이라고 예상했다. 그리고 1965년 펜지어스(Arno Allan Penzias)와 윌슨(Robert Woodrow Wilson)의 연구에 의해 2.7K 우주배경복사의 실재가 발표되었다.

세 번째 증거는 우주의 질량에 따른 원소 분포를 살펴보면 수소가 75%, 헬륨이 25%, 그리고 나머지 원소가 1%도 안 된다는 점이다. 이러한 물질 분포는 초기 고온의 대폭발 때 이들 원소의 핵이 만들어지는데 아주 짧은 시간이 걸렸다는 대폭발설의 설명과 잘 맞아 떨어진다.

만약 우주가 계속 팽창해왔다면, 어제의 우주는 오늘의 우주보다 작았을 것이므로 우주의 팽창률을 이용한다면 과거 우주가 한 점에 불과했을 때를 계산할 수 있을 것이다. 현재 여러 관측 사실에 기초해서 이 시기를 계산해보니 약 137억 년 전이었을 것으로 추정되었다. 다시 말해 우주의 나이가 약 137억 년인 것이다.

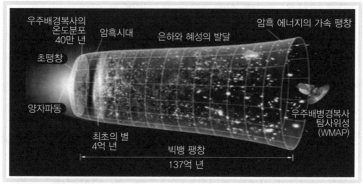

우주배경복사의
온도분포
40만 년
암흑시대
은하와 혜성의 발달
암흑 에너지의 가속 팽창
초팽창
양자파동
최초의 별
4억 년
빅뱅 팽창
137억 년
우주배병경복사
탐사위성
(WMAP)

| 우주의 생성과 팽창 연대표

대폭발 이후의 우주 역사를 살펴보면 다음과 같다.

✅ 우주 나이 10^{-43}초: 플랑크 시간(Planck time)

하이젠베르크의 불확정성 원리에 따라 계산된 물리학이 정의할 수
있는 최소의 시간단위. 플랑크 시간보다 짧은 시간에 대해서는 어떠
한 설명도 할 수 없다.

✅ 우주 나이 $10^{-43} \sim 10^{-35}$초: 대통일 이론 시대(GUT era)

당시 우주의 온도 약 10^{27}도. 원자핵도 존재할 수 없는 온도로, 빛과
입자의 원료들이 뒤섞인 형태의 에너지만이 존재한다. 물리학의 4가
지 기본 힘인 중력, 전자기력, 약력, 강력 중에서 중력을 제외한 나머
지 3가지 힘은 이 시기에 대통일력으로 통합되어 존재했을 것으로
추정하며, 이 시간을 대통일 이론 시대라고 부른다.

✅ 우주 나이 $10^{-35} \sim 10^{-32}$초: 급팽창(Inflation)

이 시기에 우주는 짧은 시간에 지름 기준 10^{43}배 정도, 부피로는 10^{129}
배의 엄청난 팽창을 겪는다(지수 함수적 팽창 조건의 경우). 이러한

급팽창은 우주의 에너지가 상태를 바꾸는 일종의 상전이현상(수증기가 물로 바뀌는 것처럼 물질의 성질이 바뀌는 현상)을 겪으며 강력이 대통일력에서 분리되며 시작되었을 것으로 추정된다.

✅ 우주 나이 10^{-32}~10^{-4}초: 강입자의 시대(Hardron era)

쿼크로 구성된 최초의 강입자의 탄생. 위 쿼크와 아래 쿼크가 모여 양성자(up + up + down)와 중성자(down + down + up)가 탄생. (양성자 = 수소 원자핵)

✅ 우주 나이 10^{-4}~1초: 입자와 반입자의 탄생

✅ 우주 나이 1초~3분: 대폭발 핵합성

우주의 온도는 100억~1억도 정도까지 낮아진 상태로, 양성자 간의 결합 작용, 즉 수소 핵융합 반응이 일어나는 환경이다. 그 결과로 전 우주에서 다량의 헬륨이 생성되었다.

✅ 우주 나이 3분~38만 년: 입자와 반입자의 쌍소멸, 입자만 남게 됨

✅ 우주 나이 38만 년: 재결합

우주는 팽창하던 중 특정 온도(약 3,000도)까지 낮아지는 순간, 우주 전체에서 원자핵들이 자유 전자와 결합하는 현상이 일어난다(재결합이라는 용어는 사실 적절한 단어가 아니다. 우주 역사상 최초의 핵 - 전자 결합이기 때문이다). 그와 함께 단위 부피당 입자 수는 절반으로 줄고, 입자들과의 충돌로 자유롭게 움직이지 못하고 있던 빛이 분리된다. 이때 방출된 빛은, 우주 팽창에 역행하며 우주의 역사에 해당하는 시간 동안을 움직여, 지구에 도달한다. 이 빛은 매우 큰 적색편이를 겪어 우리에게 미미한 에너지를 보이는 복사로 보인다. 이론적으로 예측된 이 빛을 우주 마이크로파 배경이라 불렀다.

✅ 최초의 별(first star)과 은하의 생성
당시 우주에 존재하던 원소들인 수소와 헬륨이 매우 많이 밀집된 곳에서 태양 질량의 수백 배에 이르는 무거운 별들이 탄생. 이 무거운 별들은 100만 년 정도의 짧은 수명이 지난 후 초신성 폭발과 비슷한 큰 폭발로 최후를 맞으며 자신이 핵융합을 통해 생성한 무거운 원소들을 우주에 뿌렸다.

✅ 우주 나이 38만~4억 년: 암흑의 시대
비슷한 시기에 생긴 별들이 비슷한 시기에 폭발로 우주에 에너지를 방출하자, 그 에너지가 재결합 때 이루어진 양성자와 전자의 결합을 분리시켰다. 이로 인해 수억 년 동안이나 별과 은하를 만들지 못하는 시기가 지속되었다.

✅ 우주 나이 4억~137억 년: 항성/은하/성운/행성 등의 발달

✅ 우주 나이 137억 년: 현재의 우주
대폭발설은 이론일 뿐인가? 아니면 사실인가? 대폭발설은 비록 하나의 이론이긴 하지만, 과학계에서 여러 과학적 증거에 의해 탄탄하게 지지받고 있으며, 기본 개념의 큰 틀은 과학적으로 옳다고 인정받고 있다. 비록 세부적으로 많은 부분들이 아직 증명되지 않았고 여러 질문에 대한 답도 많이 부족한 상태지만, 대폭발설의 이론을 확증하려는 과학자들의 노력이 계속되고 있으며 이런 노력들이 우주에 대한 우리의 이해를 더욱 높여가고 있다.

대폭발 이전에는 무엇이 있었나에 대한 질문을 하는 경우가 있다. 하지만 이 질문은 성립되지 않는 질문이다. 왜냐하면 대폭발 이전에는 시간 자체가 존재하지 않았기 때문이다.

'Big Bang' 탄생 스토리

정적인 우주는 정상우주 또는 정상상태우주(steady state cosmology)라고 하며, 우주는 시작도 끝도 없이 한결같으며 그 모습이 변함이 없고 안정된 상태를 유지하는 것을 말한다. 20세기 중반까지 뉴턴과 아인슈타인을 포함한 대부분의 과학자들이 생각한 우주의 모습이다. 반면, 동적인 우주는 현재와 같은 모습이 아니고 크기는 팽창하면서 변화하고 있다고 보았다. 프리드만과 르메트르가 제안했으며, 우주가 팽창하고 있다는 것은 현재보다 과거의 우주가 더 작았다는 것을 의미한다.

초기 두 우주론의 한계로 정상우주는 우주의 중력에 대해 우주의 수축이 있어야 하는데 변함없는 우주는 중력에 반대하는 알려지지 않는 힘의 존재, 우주상수가 필요하다고 했으며, 팽창우주는 팽창의 기원과 원인을 설명할 수 없었다.

정상우주론은 1950년대부터 1960년대 중반까지 대폭발이론(Big Bang theory)과 함께 우주 생성론의 두 축을 이루며 경쟁적으로 발전했다. 정상우주론은 우주는 항상 현재와 같은 모양으로 존재하며, 우주가 팽창해 우주의 밀도가 작아지면 이를 보충하기 위해 우주 공간에서 새로운 물질이 생성된다고 보았다. 그래서 이 우주론을 연속창조(continuous creation) 우주론이라고 부른다. 이 '시작도 끝도 없는' 이론에서는 과거나 지금이나 우주의 모습이 똑같아야 한다. 즉, 우주가 팽창함에 따라 물질도 끊임없이 생겨나서 총 밀도에는 아무런 변화가 없다는 주장이다. 그래서 이 우주론을 항상 정상 상태를 유지하는 우주론이라는 의미로 '정상우주론'이라고도 부른다.

그러나 대폭발론은 초고온 초고압의 상태로 밀도가 높은 하나의 점(특이점)이 폭발함으로써 우주가 시작되었다는 이론으로, 시작과 끝이 있는 진화론적 우주론이다. 대폭발설에 따르면 우주의 총 질량은 일정하고 크기는 계속 증가하므로, 시간이 지남에 따라 우주의 평균 밀도는 점점 작아진다.

"빅뱅 우주론이 맞느냐, 연속창조 우주론이 맞느냐" 하는 역사적인 논쟁은 사실 미국과 영국의 대결이기도 했다. 빅뱅 우주론은 우크라이나 태생의 가모프를 중심으로 한 미국 과학자들이 주장하고, 연속창조 우주론은 본디(Hermann Bondi), 프레드 호일(Fred Hoyle), 토머스 골드(Thomas Gold) 등 영국 과학자들이 주장했기 때문이다.

연속창조 우주론자인 호일은 1949년 라디오 방송에서 '우주의 본질'을 주제로 강의하면서 가모프의 대폭발론을 빗대어 "그럼 태초에 빅뱅이 있었다는 말인가"라고 그를 조롱했는데, '빅뱅'이란 말은 이때 비로소 생긴 것이다. 빅뱅에서 '뱅'은 우리말로 '꽝' 정도에 해당되는 의성어로, 빅뱅은 직역하면 '큰 꽝' 정도의 웃기는 말이다. 상대 과학자를 조롱한 말에서 시작되어 팽창우주론을 대표하는 '빅뱅'이라는 용어가 탄생하게 된 배경이다.

펜지어스와 윌슨은 1964년 우연히 이 우주배경복사를 발견해 빅뱅 우주론이 연속창조 우주론을 제압하는 데 결정적인 역할을 했으며, 이 발견으로 노벨상을 수상했다. 이후 빅뱅 우주론이 대세를 이룸으로써 우주론 논쟁의 주도권이 영국에서 미국으로 넘어 갔다.

빅뱅 우주론이 승리함에 따라 아인슈타인이 우주의 수축을 막기 위해 도입했던 우주상수를 슬그머니 버렸으나, 빅뱅 이론의 우주 팽창 가속 연구에서 암흑 물질(dark matter)과 암흑 에너지(dark energy)를 규명하려고 우주상수를 다시 꺼내 오면서 "우주상수를 버린 것은 내 인생 최대의 실수였다"고 하며 빅뱅 이론을 발전시 켰듯이 호일도 나중에, 가벼운 원소로부터 무거운 원소가 형성되 는 항성 핵 합성 과정을 밝혀내 빅뱅 이론을 더욱 발전시키는 데 기여한다.

만조와 간조

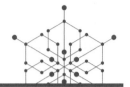

정의 밀물로 해수면이 가장 높을 때를 만조(滿潮, high tide)라 하고, 썰물로 해수면이 가장 낮을 때를 간조(干潮, low tide)라 한다.

해설 조석 현상은 지구, 달, 태양 등의 상대 위치에 따른 기조력에 의해 해수면이 주기적으로 상승, 하강하는 운동을 말한다. 조류는 조석 현상에 의해 나타나는 수평 방향의 해수 운동으로 해수면이 높아져 바닷물이 해안에 밀려들어오는 밀물(들물, 창조류)과 해수면이 낮아지면서 바다 쪽으로 바닷물이 쓸려 나가는 썰물(날물, 낙조류)이 있다.

조석 현상에 의해 해수면이 하루 중에서 가장 높아진 상태를 만조 또는 고조라고 하고, 하루 중에서 해수면이 가장 낮아진 상태를 간조 또는 저조라고 한다.

달의 기조력에 의해 지구와 달이 마주보는 부분과 그 반대쪽 부분도 부풀어 오른다. 그 결과 달이 당기는 부분과 그 반대편이 밀물이 되고 그 외의 부분은 물이 빠져나가 수심이 얕아지는 썰물이 된다. 지구는 하루에 한 바퀴 자전하기 때문에 밀물과 썰물이 2회씩 나타나고 만조와 간조가 하루에 2회씩 발생한다. 만조와 간조의 해수면의 높이 차인 조차는 장소와 시간에 따라서 차이가 나는데, 평균 20cm밖에 안 되는 경우가 있는가 하면 10m가 넘는 경우도 있다.

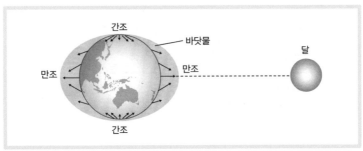

| 달의 기조력

지구에서 조석 현상을 일으키는 힘이 기조력(起潮力, tidal force)이며, 기조력은 지구 밖의 천체에 의해 만들어진다. 지구와 달은 서로 끌어당기는 만유인력이 작용한다. 그런데 왜 두 천체는 서로 가까워지지 않은 채 거리를 유지하고 있는 것일까? 이는 만유인력을 상쇄시키는 반대 방향의 힘이 있기 때문이다. 달이 지구 주위를 공전할 때, 달 공전 운동의 중심은 지구중심이 아니라 지구와 달 사이의 공통질량중심이다. 그리고 지구 역시 공통질량중심을 같은 공전 주기로 공전하고 있는 셈인데, 이러한 원운동에 따라 지구에 원심력이 발생한다. 다시 말해 지구와 달은 서로 끌어당기는 만유인력이 작용하지만, 지구와 달이 공통질량중심 주위를 회전하면서 발생한 원심력은 두 천체를 서로 멀어지게 하면서 힘의 균형을 이루고 있는 것이다.

그런데 공통질량중심을 도는 지구의 원운동에 따른 원심력은 지구상의 모든 점에서 그 크기와 방향이 같지만, 달과 지구상의 한 지점 사이의 만유인력은 위치에 따라 크기와 방향이 달라진다. 바로 기조력은 지구상의 각 지점에서 달이 지구에 작용하는 만유인력과 지구와 달의 공통질량중심을 중심으로 도는 원운동에 의해서 생긴 원심력의 합력으로 결정된다.

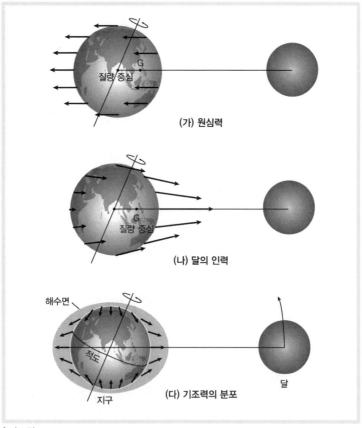

| 기조력

달 방향에 있는 해수는 원심력보다 달의 만유인력이 더 커서 기조력에서 의해 달 쪽으로 끌려가며, 달과 반대 방향에 있는 해수는 원심력이 달의 만유인력보다 더 커서 달의 반대쪽으로 끌려간다. 따라서 기조력이 커서 해수가 몰린 곳은 해수면이 높은 만조가 나타나고 기조력이 작은 지점은 해수가 적어 간조가 된다. 그리고 이렇게 지구상의 양쪽으로 해수가 모여 있는 상황에서 지구가 자전함에 따라 한 지점에서 해수면이 하루 동안 변동하게 되면서 밀물과 썰물이 나타난다.

지구 주변의 천체 중 크게 기조력을 만들어내는 주요 천체는 달과 태양이며, 기조력의 크기는 지구 중심으로부터 조석을 일으키는 각 천체(달과 태양) 간 거리의 3제곱에 반비례하고 천체의 질량에 비례한다. 태양의 질량은 달보다 훨씬 크지만 그 대신 훨씬 멀리 있기 때문에, 계산해보면 태양의 기조력은 달의 기조력의 46%에 지나지 않는다.

조석 주기는 만조에서 다음 만조 또는 간조에서 다음 간조까지의 시간으로, 약 12시간 25분이 걸린다. 따라서 만조와 간조는 각각 하루에 2회씩 일어나며 날마다 50분 가량 늦어진다. 이것은 지구가 하루 1회 자전하는 동안 달이 동쪽으로 약 13° 공전하기 때문으로, 달이 다음날 동일한 위치로 오기 위해서는 지구가 50분 정도 더 자전해야 하고, 이에 조석도 날마다 약 50분씩 늦어지게 된다. 즉, 2회 만조가 일어나기 위해서는 24시간 50분이 걸리는 셈이므로 조석 주기는 약 12시간 25분이 된다.

한반도 서해안의 경우 만조와 간조가 하루 2회씩 나타나지만 지구상의 다른 지역들은 만조와 간조가 하루에 2회씩 나타나지 않을 수도 있다. 달의 공전 궤도면과 지구의 적도면은 일치하지 않는다. 달이 있는 방향으로 해수가 분포하고 지구는 자전축을 중심으로 자전하므로 위도에 따라 조석 현상이 달리 나타난다.

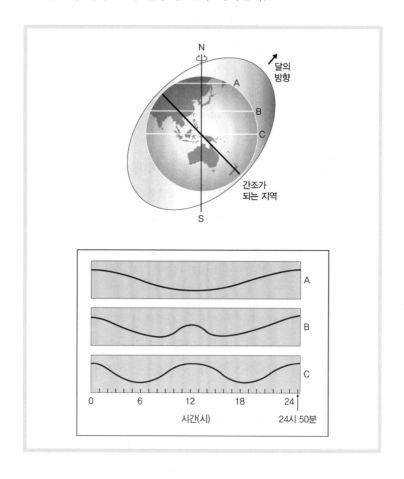

A 지역처럼 하루 1회만 만조와 간조가 나타나는 현상을 일주조라하고, C 지역처럼 하루 2회의 만조와 간조가 나타나는 현상을 반일주조라고 한다. B 지역처럼 하루 2회의 만조와 간조가 나타나지만, 만조와 간조 시간 간격이 일정하지 않는 현상을 혼합조라고 한다.

시화호 조력 발전

달과 태양의 기조력에 의해 하루에 2회씩 밀물과 썰물이 나타나는데 이를 조석 현상이라고 한다. 조석 현상을 이용해 하구나 만에 댐을 설치해서 전기를 생산하는 발전 방식을 조력 발전이라고 한다.

밀물이 들어 만조가 되면 댐을 기준으로 바다 쪽 수위는 최대가 되고 저수지 쪽 수위는 낮으므로 이때 수문을 열면 터빈이 돌면서 발전한다. 그리고 다시 썰물이 나가 간조가 되면 댐을 기준으로 바다 쪽 수위가 매우 낮아지므로 저수지 쪽 수위와의 낙차가 최대가 된다. 이때 수문을 열면 터빈이 이번에는 밀물 때와 반대로 돌면서 발전한다.

기본 원리는 조류가 밀려드는 동안 수문이 열려 저수지가 채워지고, 만조일 때는 수문이 닫힌다. 유입한 바닷물을 높은 곳의 저수지에 가둬두었다가 간조와 같이 터빈을 작동시킬 만큼 충분한 낙차(落差)를 얻을 때 물을 방수하여 발전기를 회전시키는 원리다. 즉, 저수지로 흘러들어온 조류로 터빈을 작동시켜 발전하는 방식이므로 조력 발전이라고 한다.

조력 발전은 밀물과 썰물일 때 모두 발전하는 복류식과 밀물과 썰물 중 한 때에만 발전하는 단류식으로 분류된다. 물론 복류식이 전기 생산량이 많겠지만 지형의 특성상 단류식을 운영하는 경우가 있다. 시화호 조력발전소는 인근 안산 신도시의 침수 피해가 우려되어 단류식 방식을 채택했다.

시화호 조력발전소는 밀물 때 시화호로 유입되는 바닷물로 발전하고, 유입된 바닷물은 썰물 때 수문으로 배수하는 방식을 택하고 있으며, 시설용량 254MW로 국내 최초이자 세계에서 가장 큰 규모의 조력발전소에 해당한다.

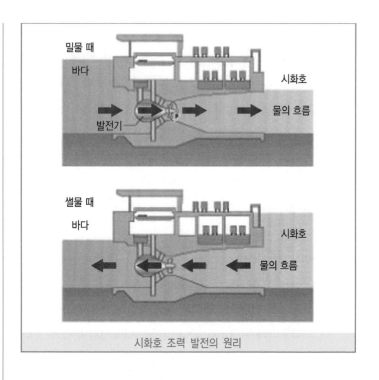

밀물 때
바다
발전기
시화호
물의 흐름

썰물 때
바다
시화호
물의 흐름

시화호 조력 발전의 원리

댐을 이용해서 물의 수위 차에 따라 발생하는 위치에너지를 전기에너지로 전환한다는 면에서 조력 발전 방식은 수력 발전과 비슷하다. 보통 수력 발전의 경우 수십 미터 이상의 낙차를 이용하는 반면, 조력 발전은 그 이용 가능한 낙차가 수 미터로 작은 편이다. 화석연료의 고갈과 환경오염으로 인해 신재생 에너지 발전 방식을 계속해서 연구 중인데, 조력 발전은 조차가 큰 일부 지역에서만 가능한 발전 방식이다. 다행히 우리나라 황해는 조차가 아주 큰 바다라서 조력 발전에 적합한 지역으로 꼽히고 있다.

세계 주요 조력발전소 현황

항목	랑스 (프랑스)	에나폴리스 (캐나다)	키슬라야 구바 (러시아)	지양샤 (중국)	시화 (한국)
최대 조차(M)	13.5	8.7	3.9	8.39	5.6
시설용량(MW)	240	20	0.4	3.2	254
연간 발전량 (GWh)	544	50	1.2	6.0	552
준공 연도	1966	1984	1968	1980	2011

조력 발전은 조석 현상이 주기적이라 발전량을 예측할 수 있고
안정적인 전기 공급이 가능하며, 조석이라는 자연 현상을 이용한
발전 방식이기 때문에 석유나 석탄처럼 소모되지 않는 무한발전
이 가능하다는 장점이 있다. 하지만 댐을 설치하기 때문에 이로
인해 갯벌이 파괴되고 해수의 자연적인 흐름이 막히면서 댐 주변
의 수질이 오염되는 단점도 가지고 있다. 또한 조력 발전으로 인
해 발생한 열이 주변 해수의 온도를 높여 주변 해양 생태계의
위험을 초래할 가능성도 가지고 있다.

변성암

정의   변성암(變成巖, metamorphic rock)은 기존에 있던 암석이 열과 압력을 받아 변화되어 만들어진 암석이다.

해설   기존의 암석이 지하 깊은 곳에서 생성 당시와 다른 온도 및 압력 조건에 놓이게 되면 암석은 고체 상태를 유지하면서 암석을 이루고 있는 광물과 조직에 변화를 일으키게 되는데, 이러한 과정을 변성 작용이라 하며 그 결과 만들어진 암석을 변성암이라고 한다.

변성 작용은 변화된 형태라는 의미를 가지며, 암석의 기존 광물, 조직 때로는 화학 성분이 바뀌는 과정이다. 변성 작용은 기존 암석이 자신이 원래 형성된 환경과 다른 물리적·화학적 환경에 접하면서 일어난다. 이러한 환경의 변화에는 온도, 압력의 변화와 화학적으로 활성도가 높은 유체의 유입 등으로 나타난다. 열은 변성 작용에 가장 중요한 요인으로 기존 광물의 재결정 작용이나 새로운 광물을 형성하는 화학적 반응을 일으키는 에너지를 제공한다. 온도가 올라가면 이 온들이 강하게 결합되어 있는 고체에서도 광물 내 원자가 광물 구조 내 여러 위치로 자유롭게 이동할 수 있다. 변성을 일으키는 온도 범위는 약 200℃ 이상에서 암석의 용융 직전의 온도인 약 700℃까지다. 암석은 고체로서 지하에서도 균일응력(모든 방향으로 동일한 압력을 받는 것)을 받지만, 대륙과 대륙이 충돌하는 지역에서는 방향에 따라 압력의 크기가 다를 수 있다. 이를 차등응력이라고 한다. 이러한 차등응력을 받으면 암석을 이루는 광물은 납작해지거나 신장된다. 그리고 다른 광물로 바뀌어 일정한 방향성을 보이게 된다. 변성을 일으키는 압력 범위는 5,000~1만 5,000기압이다.

지각 속의 유체는 주로 물과 이산화탄소와 같은 휘발성 물질로 구성되어 있으며, 일부 변성 작용 시 중요한 역할을 한다. 광물을 둘러싸고 있는 유체는 이온 이동을 증가시켜 재결정 작용이 더 잘 일어나도록 하는 촉매 역할을 한다. 유체는 응력이 높은 지역에서 물질을 용해하여 응력이 낮은 지역으로 이동, 침전시켜 광물이 압력에 수직한 방향으로 길게 재결정되어 성장하는 과정을 돕는다.

변성 작용은 온도와 압력 중 어느 것이 더 주된 역할을 하느냐에 따라 접촉 변성 작용과 광역 변성 작용으로 나뉜다. 접촉 변성 작용은 기존의 암석이 마그마의 관입을 받아 마그마의 접촉부를 따라 비교적 좁은 범위에서 일어나는 변성 작용으로 마그마로부터 뜨거운 열과 물 및 휘발 성분의 공급을 받아서 새로운 광물이 생겨나거나 입자의 크기가 커진다. 이암이나 셰일이 접촉 변성 작용을 받으면 세립질의 광물이 구워져 단단한 혼펠스가 만들어진다. 광역 변성 작용은 조산 운동과 같은 큰 지각변동이 일어나는 조산대 하부에는 높은 열과 더불어 압력의 영향으로 암석의 변성이 비교적 넓은 범위에 걸쳐 일어나는데, 이를 광역 변성 작용이라 한다. 광역 변성 작용을 받은 암석은 편리나 편마 구조가 잘 나타난다.

변성암은 원암의 종류와 변성 작용이 일어날 때의 온도 및 압력에 따라 여러 종류로 나뉜다.

✅ 엽리성 변성암

점판암은 매우 세밀한 세립질의 엽리성 암석으로, 육안으로 구분할 수 없는 세립의 운모로 구성된다. 점판암은 셰일과 이암 등이 저변성을 받아 형성되기 때문에 일반적으로 셰일과 매우 비슷하게 보인다. 가장 중요한 특징은 잘 발달된 벽개를 가지고 있어 얇은 기와나 바닥재로 사용되어 왔다. 점판암의 색은 구성 광물 성분에 따라 달라진다. 검은색은 유기물질을 포함하고 있는 것이며, 붉은색은 철산화물, 녹색은 녹니석을 포함하고 있기 때문이다.

천매암은 점판암과 편암 사이의 변성 작용을 받아 형성된다. 천매암은 점판암보다는 입자가 큰 판상 광물로 구성되어 있지만, 육안으로 구분될 정도로 크지는 않다. 대신 번들번들한 광택과 파도 모양으로 휘어진 면에 의해 점판암과 구별할 수 있다. 천매암은 벽개를 보이며 주로 세립의 백운모나 녹니석으로 구성되어 있다.

 편암은 중립질 내지 조립질의 운모를 포함하는 판상 광물로 구성되어 있으며, 평행하게 배열되어 편리를 형성한다. 또한 운모 외에도 석영, 장석과 같은 밝은 광물들도 포함할 뿐만 아니라, 각섬석 같은 어두운 광물도 포함된 편암도 있다. 편암은 조산 운동 등에 수반된 중변성 또는 고변성 작용을 받아 형성된다.

편마암은 등립질과 신장된 광물로 구성되며, 편마 구조가 나타난다. 고변성을 받을 때 밝은 색과 어두운 색의 광물이 서로 분리되어 편마암의 특징인 줄무늬를 형성한다. 따라서 편마암에는 흰색 또는 붉은 색을 띠는 장석이 풍부한 층과 철과 마그네슘이 많은 어두운 광물로 이루어진 층이 호상을 이룬다. 편마 구조를 통해 압력의 방향을 알 수 있다.

✅ 엽리가 없는 변성암

대리암은 석회암이나 백운암이 변성된 조립질이며, 결정질 변성암이다. 순수한 대리암은 백색이며, 방해석으로 구성되어 있어 염산을 떨어뜨리면 이산화탄소가 발생한다. 대리암은 다른 암석에 비해 경도가 낮기 때문에 쉽게 잘라서 여러 모양을 만들 수 있다.

규암은 석영 사암이나 석영맥으로 만들어져 매우 단단한 변성암이다. 규암은 석영의 재결정 작용이 일어나 입자의 경계면을 따라 쪼개지지 않고 깨진다. 구석기인들이 사용하던 돌도끼의 대부분도 규암으로 구성되어 있다. 순수한 규암은 흰색이지만, 산화철이 포함된 경우 붉은색 또는 분홍색을 띠기도 하고, 어두운 광물을 포함한 경우 회색으로 나타나기도 한다.

| 천매암

| 운모 편암

| 호상 편마암

| 안구상 편마암

| 규암

| 대리암

변성 조직인 엽리는 암석 내 광물이나 구조가 판상으로 배열한 것을 말한다. 엽리는 일부 퇴적암과 화성암에서 관찰되기도 하지만, 습곡되거나 변형된 변성암에서 주로 나타나는 특징이다. 변성 환경에서 엽리는 암석에 가해지는 압축력에 의해 암석 내 광물이 평행 혹은 납작해진 배열이다. 엽리는 점판벽개(粘板劈開), 편리(片理), 편마(片麻) 구조로 나뉜다. 점판암은 망치로 때리면 얇고 판판하게 쪼개지는데, 이 쪼개지는 면을 점판벽개라 한다. 편리는 매우 높은 온도 - 압력 영역에서 세립의 운모와 녹니석 입자의 크기가 수 배로 증가하여 판상 혹은 층상의 구조가 나타난 것을 말한다. 이러한 편리가 발달한 암석을 편암이라고 한다. 편마 조직은 고변성을 받을 때 암석 속의 이론들이 이동하여 광물들이 서로 다른 층에서 성장하게 된다. 특히

어두운 흑운모 광물과 밝은 광물인 석영과 장석이 분리되어 층상을 보여주는데, 이를 편마 조직이라 한다. 이러한 조직을 가지고 있는 암석을 편마암이라고 한다.

생. 각. 거. 리.

광상

광상(鑛床)은 지각 중에 유용한 광물이 많이 모여 있는 곳이고, 광상에서 채굴이 가능하고 경제적인 가치가 있는 광물을 광석(鑛石)이라고 한다.

광상은 생성 원인에 따라 화성 광상, 퇴적 광상, 변성 광상으로 분류한다. 화성 광상은 마그마가 식는 과정에서 마그마 속에 포함된 유용 광물들이 모여서 생성된다. 화성 광상의 종류는 정마그마 광상, 페그마타이트 광상, 기성 광상, 열수 광상이 있다. 정마그마 광상은 마그마가 분화 초기에 밀도가 큰 광물이 가라앉아서 생성되며 백금, 니켈, 금강석이 산출된다.

페그마타이트 광상은 마그마가 지하 깊은 곳에서 굳어져 화강암이 생성된 후 마그마 속의 남은 휘발 성분이 주변 암석을 뚫고 들어가 생성되며 우라늄, 베릴륨, 리튬, 세륨 등의 희유 원소와 석영이 산출된다.

기성 광상은 마그마 속의 수증기와 휘발 성분이 주위 암석과 반응하여 생성되며, 주석, 형석, 텅스텐, 몰리브덴이 생성된다. 접촉 교대 광상은 마그마의 잔액이 석회암과의 관입연변부에서 교대 작용에 의해 생성되며 철, 구리, 아연, 납과 석류석, 규회석 같은 스카른 광물이 산출된다.

열수 광상은 마그마에서 분리되어 나온 유용 광물을 포함한 열수

용액이 암석 틈을 채우면서 생성된 광상으로, 세계에서 유명한 광상의 대부분을 차지하며 금, 은, 구리, 아연이 산출된다.

퇴적 광상은 암석이 풍화, 침식, 운반, 퇴적되는 과정에서 유용한 광물이 어느 한 곳에 집중적으로 쌓여 만들어지며, 종류로는 표사 광상, 침전 광상, 풍화 잔류 광상이 있다.

표사 광상은 지표를 이루던 유용한 광물이나 원소가 하천의 바닥에서 비중에 의해 분리되어 쌓이면서 생성된 광상으로 사금, 사철, 금강석이 산출된다.

침전 광상은 물에 녹아 있던 유용한 광물 성분이 화학적으로 결합, 침전되어 생성된 광상으로 암염, 석회암, 망가니즈 단괴(심해저), 호상 철광상이 산출된다.

풍화 잔류 광상은 고온 다습한 곳에서 화학적 풍화 작용을 받아 생성된 광상으로 고령토, 보크사이트가 산출된다.

변성 광상은 기존의 화성 광상이나 퇴적 광상이 지질 시대 동안 조산 운동이나 조륙 운동과 같은 지각변동에 의해 변성 작용을 받아 광물이 새로 만들어지면서 생성된 광상으로 대규모 철광상, 흑연 광상, 대리석, 석면 등이 만들어진다.

별의 진화

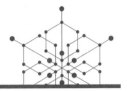

정의 별의 진화(star evolution)는 별이 생성된 후 소멸하기까지의 시간적 변화를 나타내는 말로, 별의 일생을 의미한다.

해설 별과 별 사이의 공간에는 수소와 헬륨 그리고 미량의 다양한 원소들이 아주 작은 밀도로 분포해 있는데 이를 성간물질이라고 한다. 그리고 어떤 원인에 의해 특정 공간에 성간물질이 높은 밀도로 모여 있는 경우가 있는데 이를 성간운이라고 한다. 별은 바로 성간운에서 만들어진다.

인간이 태어나서 죽기까지 여러 단계를 거치며 변화해가듯이, 별도 태어나서 소멸하기까지 여러 변화를 겪는데, 이러한 별의 진화 경로는 근본적으로 질량에 따라 결정된다. 태양 정도의 질량을 가진 별의 진화 과정을 살펴보면 다음과 같다.

성간운이 중력 수축함에 따라 방출되는 에너지의 일부는 성간운의 중심부를 서서히 가열하게 되는데, 만약 중심부가 수소핵융합 반응을 일으킬 정도로 높은 온도로 가열되면 드디어 별이 탄생한다.

이렇게 수소핵융합이 일어나는 별을 주계열성(main sequence)이라고 부른다. 주계열성이 되기 전의 상태는 원시성이라고 부른다. 주계열성은 핵융합에 의해 수소가 헬륨으로 바뀌고 있는 중이며 매우 안정적으로 에너지를 방출하며, 별 전체 일생의 80% 이상을 주계열성의 단계에서 보낸다. 따라서 하늘에 보이는 별들은 대부분 주계열성 단계에 있다고 볼 수 있다.

중심핵의 수소가 모두 헬륨으로 바뀌면 주계열성의 단계는 끝난다. 이후 중심핵에서는 수소핵융합이 더 이상 일어나지 못하지만 핵 주변 껍질 부분에서 수소핵융합이 일어나면서 방출된 에너지로 별의 외부 층이 팽창하기 시작한다. 더구나 핵융합이 정지된 중심부의 헬륨 핵이 중력 수축하면서 방출된 열은 껍질 층의 수소핵융합을 더욱 가속시킨다. 별의 크기는 더욱 커지고 열에너지가 별 표면까지 충분히 전달되지 못해서 표면 온도는 감소하는데, 이 단계를 적색거성

(red giant)이라고 한다.

적색거성 단계에서 중심부의 헬륨 핵은 계속 중력 수축을 하며, 이때 발생한 열로 중심부의 온도도 계속 상승한다. 드디어 중심 온도가 10^8K이 되면 헬륨핵융합이 일어나면서 헬륨이 탄소로 전환되어 탄소핵이 형성된다.

이후 별은 중심부의 수축과 껍질부의 핵융합이 수시로 반복되면서 팽창과 수축이 반복되고 에너지 생산량도 증가와 감소를 반복한다. 이로 인해 별의 밝기가 변하는데 이를 맥동변광성이라고 부른다.

이후 별의 내부에서 발생한 강한 물질의 흐름으로 별의 바깥부분이 벗겨져 나가면서 고온의 중심핵만 남는다. 바깥으로 방출된 물질은 고온의 중심핵에 의해 가열되어 팽창 껍질을 형성하는데 이를 행성상 성운이라고 부른다. 중심핵은 백색왜성으로 불리며 더 이상의 핵융합이 진행되지 못하기 때문에 서서히 냉각되면서 결국 흑색왜성이 되면서 별의 일생이 끝난다.

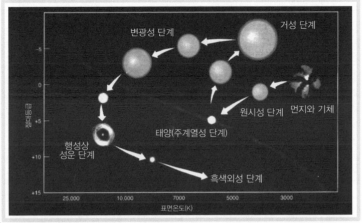

| 태양 정도 질량을 가진 별의 진화 경로

태양보다 큰 별의 진화 과정

질량이 태양의 25배 이상인 별들의 진화 경로는 어떠할까? 우선 질량이 큰 경우 핵융합이 빠르게 진행되기 때문에 별의 수명이 짧다. 또한 태양 정도의 질량을 가진 별이 탄소중심핵을 만드는 데 그치는 반면, 질량이 크면 주계열성 이후 탄소핵융합도 일어나면서 중심부에 산소 핵이 만들어진다. 질량이 클수록 중심의 핵융합은 산소보다 더 무거운 원소들을 점점 융합해가게 된다. 또한 주계열성 이후에 별의 크기가 매우 커지기 때문에 초거성(super giant)이 되는데 이때 안쪽으로 끌어당기는 중력과 바깥쪽으로 밀어내는 핵융합 에너지 사이의 균형이 깨지면서 순식간에 붕괴되어 거대한 폭발로 자신을 날려버리는 초신성 폭발이 일어나게 된다. 그리고 중심핵은 수축하여 중성자별이 되는데 질량이 태양의 100배 이상인 경우엔 블랙홀이 된다.

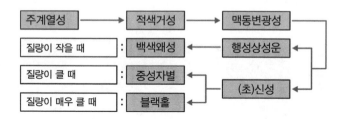

빙정설

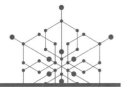

정의 빙정설(氷晶說, ice crystal theory)은 0℃ 이하인 구름 속에 과냉각된 구름 알갱이와 빙정이 공존하면 물방울로부터 증발된 수증기가 빙정 표면에 승화, 응결되어 빙정이 성장하여 낙하하면서 비를 내린다는 강수 이론이다.

해설 1933년 스웨덴의 기상학자 베르게론(Tor Harold Percival Bergeron, 1891~1977)이 발표한 강수 현상 발생에 관한 학설이다. 구름 속의 온도가 0℃ 이하인 온대 지방 또는 한대 지방에서 내리는 찬비를 설명하는 강수 이론으로, 조건으로 온도가 0 ~ - 40℃ 구름 속에서 빙정과 과냉각 물방울이 공존할 때, 과냉각 물방울의 포화수증기압이 얼음의 포화수증기압보다 크기 때문에 구름 속의 수증기압이 빙정에 대해서는 과포화 상태, 과냉각 물방울에 대해서는 과포화 상태이므로 과냉각 물방울은 증발하여 작아지고, 빙정은 승화하여 성장한다.

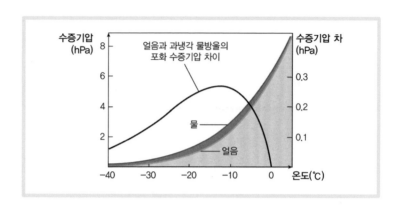

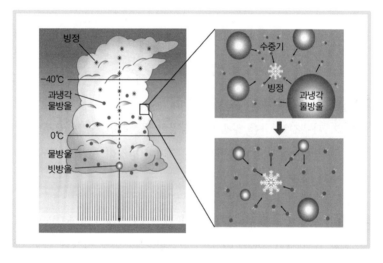

이렇게 형성된 빙정이 커져서 공기의 부력보다 중력이 커지면 더는 공중에 있지 못하고 낙하한다. 빙정이 내리다가 대기의 기온이 높으면 녹아서 비가 내리고 대기의 기온이 낮으면 눈으로 내린다. 대기의 기온이 높아도, 얼음 알갱이가 매우 크면 부분적으로 녹아 "우박"으로 떨어지기도 한다.

반면 열대 지방의 강수 이론으로는 병합설이 있다. 열대 지방에서는 구름 전체에 걸쳐 내부 온도가 0℃ 이상으로 구름 전체가 물방울로 이루어져, 응결핵의 크기가 다르므로 구름 속의 물방울들은 크기는 각기 다르고, 크기에 따라 낙하 속도가 달라 큰 물방울이 낙하하며 작은 물방울을 병합하여 그 크기가 커져서 공기의 부력보다 중력이 크게 되면 낙하하여 따뜻한 비가 내린다.

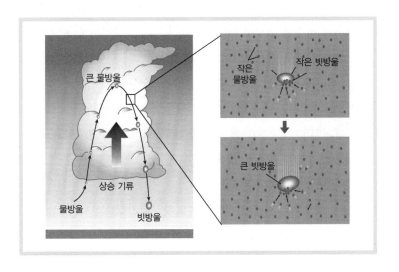

인공 강우

생.
각.
거.
리.

대기 중에 수증기가 있지만 응결핵(구름씨)이 부족하여 구름이 형성되지 못할 때, 인공으로 응결핵을 대기 중에 살포하여 구름의 형성을 유도하는 방법으로 비행기나 포탄을 이용하여 드라이아이스 가루나 요오드화은을 살포하면 10~20%의 강수 증대 효과가 있다.

인공강우 실험의 첫 번째 성공은 1946년 미국 제너럴 일렉트릭 연구소의 쉐퍼(Schaefer)가 항공기를 이용하여 구름 속으로 드라이아이스를 살포한 실험이었다. 쉐퍼는 그해에 실험실에서 냉각 상자의 온도를 급속히 떨어뜨리기 위해 드라이아이스 조각들을 떨어뜨렸을 때, 작은 얼음결정들이 형성되는 것을 목격하고, 인공 강우의 가능성을 인식하고, 곧 항공 실험을 실시하여 그와 같은 결과를 얻었다.

1947년 보네거트(Benard Vonnegut)는 요오드화은(AgI)이 얼음 결정과 비슷한 결정구조를 가지고 있는데 착안하여 인공 강우용 구름씨 물질로 적당하다는 사실을 알아낸 후, 요오드화은 연소기를 개발하여 인공 강우 항공 실험에 성공했다.

이것을 계기로 1950~1960년대에 세계 곳곳에서 인공 강우 실험이 진행되었으며, 1950년에는 기상조절학회(Weather Modification Association)가 창설되었다.

미국에서는 국가 차원에서 기상 조절에 대한 연구를 종합적으로 기획·조정하기 위해 1978년 국립해양대기청(NOAA: National Oceanic and Atmospheric Administration) 산하에 기상조절프로그램(AMP: Atmospheric Modification Program) 부서를 설립했으며, 현재까지 각 주정부의 기상 조절 프로그램에 대한 연구 활동 및 연구 장비 지원 등을 담당해오고 있다.

1970년대에 들어서부터 일부에서 기상 조절에 대한 반대 여론이 발생했는데, 주된 원인으로는 확실한 과학적인 기초 연구도 없이 너무 쉽게 생각하고 인공 강우의 효과에 대해 과대하게 선전, 인공 강우 문제가 과학적인 연구 대상을 떠나서 농장주나 목장 등 실수요자들의 이해관계가 얽힌 사회·정치적인 문제로 대두, 인간이 자연현상인 기상을 조절하려고 시도해서는 안 된다는 종교적·환경론적 주장 등이 있다.

1974년 사우스다코타 주에서는 인공강우반대시민연합이라는 단체가 조직되어 반대 집회를 주도했다.

1980년대에 들어와서는 기상 조절에 대한 열기가 식어져서 연구비 지원도 점차 감소했으나, 과학기술의 발달로 인해 그때부터 새로운 측정 기기들이 개발되었고, 또 컴퓨터의 발달로 측정 데이터 분석이 용이해졌으며, 구름 및 강우 수치 모델 등이 개발되어 기상 조절에 이용할 수 있는 도구로 활용되었다.

최근에는 엘니뇨현상이나 지구온난화에 따른 기후변화에 의해 이상가뭄현상이 지속되고 있는 현실에서 가뭄 해소 및 대체 수자원 확보의 한 방안으로 다시 인공 강우에 대한 관심이 높아지고 있다. 현재 미국을 비롯한 세계 여러 나라에서는 인공 강우를 실용화하여 가뭄 해소와 수자원 확보에 효과를 보고 있다.

사리와 조금

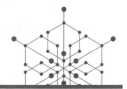

정의 사리〔대조(大潮, spring tide)〕는 조수의 차가 가장 클 때고, 조금〔소조(小潮, neap tide)〕은 조수의 차가 가장 작을 때다.

해설 조차는 '조수간만의 차'라는 뜻으로, 조석 현상에 따라 나타나는 해수면의 높이 차이를 의미한다. 이때 조차는 약 15일을 주기로 반복하는데, 달의 위상이 망과 삭일 때 조차가 가장 크고, 상현이나 하현일 때 조차가 가장 작다. 조차가 가장 큰 때를 사리 또는 대조, 가장 작은 때를 조금 또는 소조라고 한다.

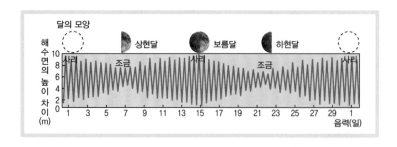

사리나 조금이 나타나는 이유는 지구를 기준으로 했을 때 달과 태양의 기조력이 합쳐지거나 상쇄되기 때문이다.

태양과 달이 상대적으로 어떤 위치에 있는가에 따라 조석 현상에 차이가 나타난다. 음력 1일 경(삭)이나 15일 경(망)은 태양과 지구와 달이 일직선상에 위치하므로 달에 의한 기조력과 태양으로 인한 기조력이 같은 방향이어서 달과 태양의 기조력이 합쳐지므로 밀물과 썰물의 차이가 최대가 되는데 이를 사리라고 한다. 반면 태양-지구-달이 90°를 이루는 상현이나 하현의 경우 달에 의한 기조력이 태양으로 인한 기조력에 의해 일부 상쇄되므로 밀물과 썰물의 차이가 최소인 조금이 된다.

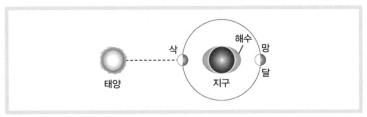

| 사리

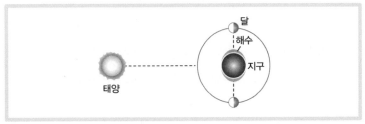

| 조금

바닷물의 운동은 달, 태양의 기조력 외에도 관성, 지형, 해저 마찰 등의 영향을 받기 때문에 실제로 사리가 되는 것은 삭과 망 전후 1~2일의 차이가 생긴다.

백중사리에 자연 재해가 큰 이유

백중사리는 음력 7월 15일을 일컫는 백중과 사리의 합성어로, 음력 7월 보름을 전후한 사리 때 1년 중 만조의 수위가 가장 높다고 해서 백중사리라 불린다. 이때쯤 달과 태양과 지구의 위치가 일직선상(망)에 있으면서 달과 지구가 상당히 가까운 거리에 있게 되어 기조력이 평소보다 강해져 만조 때 다른 사리 때보다 바닷물의 높이가 높아진다. 이때 저지대가 침수되거나 바닷물이 제방 위로 넘쳐흘러 농경지에 피해를 주기도 한다. 그리고 저기압성 폭풍 등이 진입할 때 사리 때 만조와 겹치면 해일에 의해 더 큰 피해를 입게 된다.

참고로, 백중(百中)은 음력 7월 15일로 어원은 백종(百種)이다. 이 무렵에 과일과 채소가 많이 나와 100가지 씨앗과 열매를 준비하여 차례를 지내고 음식을 장만하여 나눠먹고 즐기는 데서 유래되었다.

1819년(순조 19) 김매순(金邁淳)이 펴낸 『열양세시기(洌陽歲時記)』에는 백종절이라고 하여 "중원일(中元日)에 100종의 꽃과 과일을 부처님께 공양하며 복을 빌었으므로 그날의 이름을 백종이라 붙였다"고 했다. 19세기 중엽에 홍석모(洪錫謨)가 펴낸 『동국세시기(東國歲時記)』에는 중국의 『형초세시기(荊楚歲時記)』를 그대로 인용하여 백종일이라 불렀다.

가정에서는 이때 익은 과일을 수확하여 사당에 천신차례를 올리고 백중잔치를 열었다. 백중을 전후로 서는 백중장은 다른 여느 장보다 푸짐하고 시끌벅적하니 성시를 이뤘다. 머슴이 있는 집에서는 이날 하루는 일손을 쉬고 머슴에게 약간의 휴가비를 주어 백중장에 가서 하루를 즐기도록 했다. 백중장이 성시를 이루면

씨름판을 비롯하여 각 고장의 전통놀이가 펼쳐지곤 했다. 그리고 백중 때가 되면 곡식을 심는 농사일이 거의 끝나서 농가에서는 호미를 씻어두는데 이를 '호미씻이'라고 한다.

지구 자전 속도는 느려질까?

매일 오르내리는 조석으로 인해 많은 에너지가 소모되는데, 소모되는 에너지는 전부 자전하는 지구로부터 오는 것이다. 결국 조석으로 인한 마찰은 지구의 자전 속도를 느리게 하여 100년에 수백분의 일초 정도로 늦춘다. 과거 산호초와 조개 화석을 통해 이들 생물의 일일 성장 속도를 연구한 결과에 따르면 지구의 하루 길이는 점점 길어지고 있다고 한다. 이는 지구 자전 속도가 점차 느려지고 있다는 증거로, 앞서 얘기한 조석에 의한 영향과 연결된다. 달 역시 이런 조석 마찰에 의해 자전 속도가 느려져 왔는데, 달의 공전 주기와 자전 주기가 거의 똑같은 것은 이 때문이다.

서안강화 현상

정의 서안강화(西岸强化, western intensification) 현상은 지구의 자전에 의한 전향력의 크기가 고위도로 갈수록 커지기 때문에 아열대 순환의 서쪽에서 해수의 순환이 강화되어 나타나는 현상이다.

해설 한반도를 포함하는 중위도 지역의 아열대 순환에서는 대양의 서쪽으로 중심이 편향된다. 대양의 서쪽 해류는 동쪽 해류에 비해 해류의 폭이 좁고 깊으며 유속이 빠른데, 이것을 서안강화 현상이라고 한다.

북태평양 아열대 순환을 예로 들어 편서풍이 강한 영역에서 만들어진 서쪽에서 동쪽으로 흐르는 북태평양 해류는 오른쪽 90°로 작용하는 전향력에 의해 점차 남쪽으로 힘을 받는다. 이에 따라 북쪽에서 남쪽으로 흐르는 캘리포니아 해류가 만들어진다. 캘리포니아 해류는 무역풍대에서 동쪽에서 서쪽으로 흐르는 북적도 해류로 연결된다.

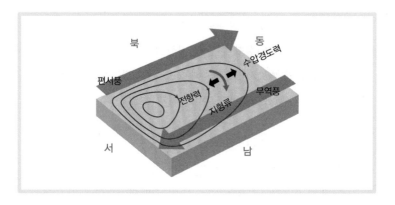

이 북적도 해류가 받는 전향력은 약해서 북적도 해류가 북쪽으로 흐
르도록 받는 힘은 북태평양 해류가 남쪽으로 흐르도록 받는 힘보다
훨씬 약하다. 이로 인해 대양의 물은 서쪽에 더 많이 모인다. 서쪽의
좁은 영역에 한정된 쿠로시오 해류는 빠르게 북향한다. 대양의 중앙
이 아닌 서쪽으로 치우쳐 해수면이 높아지면서 서안에서는 큰 힘을
받아 빠른 해류가 만들어진다. 대부분의 영역에서 느리게 남향하는
동안 경계류(境界流, boundary current)가 차지하면 대륙으로 막힌
서안에서 해류는 북쪽으로 되돌아가야 대양의 순환이 이루어진다.
북향하는 영역은 좁아지게 되고 서안 경계류는 빠르고 깊은 곳까지
나타난다. 대표적인 서안강화 해류에는 쿠로시오 해류, 멕시코 만류
등이 있다.

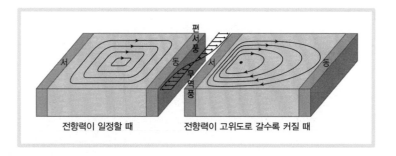

동안 경계류와 서안 경계류의 비교

서안 경계류는 서안강화 현상에 의해서 대양의 서쪽 해안을 따라 북쪽으로 좁고 빠르게 흐르는 해류고, 동안 경계류는 대양의 동쪽 해안을 따라 남쪽으로 비교적 느리게 흐르는 해류다.

구 분	서안 경계류	동안 경계류
흐름의 특징	유량(약 50m^3/s)이 많고, 유속(수백 km/일)이 빠름	유량(약 10~15m^3/s)이 적고, 유속(수십 km/일)이 느림
폭	좁음(약 100km)	넓음(약 1,000km)
깊이	깊음(약 2km)	얕음(약 500m)
해류의 성질	난류(남 → 북), 고염분	한류(북 → 남), 저염분
영양염류	적음	많음
예	쿠로시오 해류, 멕시코 만류	캘리포니아 해류, 카나리아 해류

성단

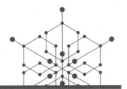

정의 성단(星團, star cluster)은 중력에 의해 묶여 있는 별들의 무리를 의미한다.

해설 성단은 산개성단(散開星團, open cluster)과 구상성단(球狀星團, globular cluster)으로 구분된다. 산개성단은 보통 수십 개에서 수백 개의 별을 포함하고 있으며, 이름에서 느껴지듯이 구 모양으로 모여 있지 않고 불규칙하게 퍼져 있다. 산개성단 중 유명한 플레이아데스 성단(Pleiades cluster)은 지구로부터 약 400광년 떨어져 있으며, 수십 개의 별들 중 가장 밝은 일곱 개의 별은 맨눈으로도 쉽게 관측된다.

공 모양이라는 뜻의 구상성단은 수천 개에서 수백만 개의 별들이 공처럼 뭉쳐 있으며 별들 사이의 간격이 비교적 좁다.

구상성단과 산개성단은 우리은하에서 발견되는 위치가 다르다. 구상성단은 주로 우리은하 헤일로에서 발견되는 반면 산개성단은 주로 나선팔(螺線-, spiral arm)이 위치한 은하원반에서 발견된다.

구상성단은 성단 내부에 성간 물질이 거의 없다는 것이 밝혀졌다. 따라서 구상성단 내에서는 최근에 새로운 별이 거의 탄생하지 않고 있으며 대부분 나이가 많은 별들로 이루어져 있다는 것을 알 수 있다. 그에 비해 산개성단은 비교적 젊은 별들로 이루어져 있어 H-R도상에서 보면 산개성단을 이루는 대부분의 별은 주계열성의 단계에 있는 것을 볼 수 있다.

구 분	구상성단	산개성단
우리은하에서 발견된 개수	150	수천
우리은하에서의 분포	헤일로, 중앙 팽배부	은하원반(나선팔)
크기(광년)	50~300	〈 30
질량(태양 질량)	10,000~1,000,000	100~1000
성단 내 별의 수	수천~수백 만 개	수십~수백 개
성단 내 주요 별의 색	붉은색	푸른색, 붉은색

구상성단은 우리은하를 구성하고 있는 다양한 천체 중에서도 특히 오래된 별을 많이 가지고 있다. 그렇기 때문에 구상성단에 대한 연구는 우리은하의 나이를 추정하고 은하의 진화를 연구하는 데 중요한 자료다. 그뿐만 아니라 우리은하를 비롯하여 외부은하에 폭넓게 분포하기 때문에 외부은하의 거리나 형태적 특징을 연구하는 데 큰 가치가 있다.

그리고 성단을 이루고 있는 별들의 나이에 큰 차이가 없으며 중력으로 묶여 있다는 점에서 성단은 하나의 커다란 성운에서 형성되었을 것으로 생각된다.

별이 태어나는 곳, 성운

우주공간에 분포해 있는 성간물질이 어떤 이유로 인해 비교적 작은 구역에 밀집해 있는 상태를 성운(星雲, nebula)이라 한다. 성간물질(星間物質, interstellar matter)은 성간 가스와 성간 티끌로 이루어져 있다. 성간 가스는 주로 수소와 헬륨이고, 성간 티끌은 규산염 입자와 탄소 입자가 주를 이룬다. 그리고 이런 성간물질이 특히 많이 모여 있는 곳을 성운이라고 하는데, 그 형태에 따라 크게 암흑성운, 발광성운, 반사성운으로 나뉜다.

스스로 빛을 방출한다는 발광성운(發光星雲, emission nebula)은 성운 내부나 주변에 있는 강한 빛을 내는 별에서 나온 자외선으로 성운 내부의 가스 원자가 이온화되기 때문에 형성된다. 성운 내의 성간 가스가 순간적으로 이온화되었다가 다시 원자 상태로 돌아가면서 특유의 빛을 방출한다. 이때 방출되는 빛의 색은 성간 가스의 종류에 따라 달라지는데 주로 붉은색과 초록색을 띤다. 발광성운으로는 오리온자리의 오리온대성운이 유명하다.

반사성운(反射星雲, reflection nebula)은 성운 안에 있는 입자들이 주변에 강한 빛을 내는 별의 별빛을 지구 쪽으로 반사시켜 눈에 보이는 것이다. 반사성운은 푸른색이 많은데 성간물질이 주변 별빛을 반사시킬 때 파장이 긴 붉은빛보다 파장이 짧은 푸른빛이 더 잘 반사되기 때문이다.

암흑성운(暗黑星雲, dark nebula)은 온도가 낮고 밀도가 높은 불투명한 가스와 두꺼운 먼지로 이루어져 있어서 성운 뒤쪽에 있는 별빛이 차단되어 어둡게 보인다. 오리온자리의 말머리 성운이 대표적이다.

성간 가스의 평균 밀도는 $1cm^3$에 수소 원자가 하나 있을 정도인

데, 성간 가스가 모여 있다는 성운도 그 안에 있는 성간 가스의 밀도는 성운 1cm³ 안에 겨우 수십 개의 수소 원자가 있는 정도로 매우 작다. 이는 지구상에서 만들 수 있는 가장 높은 진공 상태보다 훨씬 밀도가 낮은 것이다.

성운설

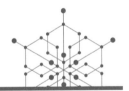

정의   성운설(星雲說, nebular hypothesis)은 태양계가 커다란 먼지와 가스 구름인 성운에서 탄생했다는 이론이다.

해설   태양계가 형성되는 과정에 대해 많은 과학자들이 다양한 이론을 제시했지만 그 중에서도 성운설이 가장 큰 지지를 받고 있다. 태양계 형성 과정을 얼마나 그럴싸하게 설명하는 이론인지 판단하려면 현재 태양계가 어떤 특징을 지녔는지 살펴봐야 하는데 성운설은 태양계의 여러 특징을 상당히 설득력 있게 설명해내기 때문이다.

1755년 칸트는 우주에 있는 작은 물질들인 성운이 서서히 뭉치면서 태양계가 형성된다는 성운설을 주장했다. 이후 1796년 라플라스는 칸트의 성운설에 기초해 좀 더 체계적으로 태양계 형성 과정을 성운설로 설명했다. 그에 따르면, 천천히 회전하던 가스와 먼지 구름인 성운이 중력에 의해 수축하는데, 각운동량(角運動量, angular momentum)

보존에 의해 수축하면서 성운의 회전은 더욱 빨라지고 납작해진다. 이렇게 수축하는 과정에서 중심에 커다랗게 형성된 천체가 지금의 태양이며, 주변부에서는 태양 주위를 도는 물질들이 띠를 이룬다. 이 물질들이 뭉쳐져서 작은 미행성체가 되고, 많은 미행성체들끼리 수많은 충돌이 일어나 일부 덩어리들이 합쳐지면서 큰 행성들을 이루게 되었다.

❙ 성운설에 의한 태양계 형성 과정

성운설은 모든 행성의 공전 방향이 태양의 자전 방향과 같고, 행성들의 공전 궤도면이 거의 동일한 면에 있으며 황도면과 비슷하고, 태양계 천체들의 나이가 서로 비슷하다는 사실을 잘 설명해준다.

성운설의 한계

태양계의 여러 특징을 잘 설명해내는 성운설도 한계가 있다. 성
운설에 따르면 태양계 각운동량의 대부분을 태양이 가지고 있어
야 하는데, 실제로 태양이 가진 각운동량은 전체 태양계의 3%에
불과하다는 사실은 설명하지 못한다. 다시 말해 태양의 자전 속
도는 너무 느린 반면 주변 행성들의 공전속도는 너무 빠른 것이
이상한 것이다.

어떤 과학자들은 이 문제를 해결하기 위해 태양이 자기장에 의해
각운동량을 주변의 가스에 빼앗기고 핵융합 반응이 중심부에서
시작된 후 강한 태양풍에 의해 더욱 더 태양의 각운동량이 제거
되면서 서서히 자전이 느려졌다고 설명한다.

세차운동

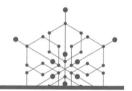

정의 세차운동(歲差運動, precessional motion)은 자전운동을 하고 있는 물체의 회전축이 움직이지 않는 어떤 축의 둘레를 회전하는 현상이다.

해설 팽이 놀이를 하다가 우리는 팽이의 회전 속도가 줄어들면서 팽이의 축이 깔때기 모양의 경로를 따라 회전하는 것을 볼 수 있는데 이와 같은 현상을 세차운동이라고 한다. 지구의 자전축도 부동축을 기준으로 약 2만 6,000년을 주기로 팽이처럼 세차운동을 한다. 하지만 여기에 지구의 세차운동과 팽이의 세차운동에는 차이점이 있다. 회전 방향과 세차운동 방향을 보았을 때 팽이는 그 방향이 같지만, 지구는 서로 반대이다. 이는 팽이의 세차운동은 팽이의 자전으로 인한 회전력으로 생기지만, 지구의 세차운동은 이와는 다른 원인에 의해 생기기 때문이다.

2만 6,000년 전　　　　1만 3,000년 전　　　　　　　현재

| 세차운동

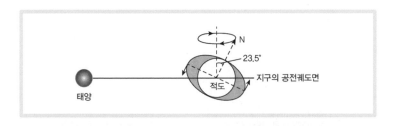

지구의 자전축은 태양의 공전궤도면(황도면)에 수직인 축에 대해 23.5° 기울어져 있고 지구는 완전한 구가 아니고 극반지름보다 적도 반지름이 약 43km 더 큰 회전타원체 모양을 하고 있다(세차운동 크기에서 지구 적도 부분의 부푼 정도가 주요 결정 요소가 된다). 이때 태양에 의한 중력이 지구에 작용할 때 태양이 지구를 당기는 힘은 거리에 따라 다르게 작용한다. 태양을 향한 쪽이 그 반대쪽보다 더 큰 힘을 받는다. 중력 차이로 인해 지구를 공전궤도면에 수직으로 세우려는 힘이 작용한다.

달 또한 중력을 작용하여 같은 역할을 하고 태양과 달이 지구에 세차운동을 일으키는 주요 힘으로 작용한다. 이때 작용하는 힘은 지구의 춘분점 방향과 평행하다. 따라서 지구의 회전축은 춘분점 방향으로 기울고, 이 작용의 반복으로 지구의 자전축은 지구 자전 방향과 반대 방향으로 세차운동을 하며 회전한다.

세차운동에 의한 북극과 기후의 변화

지구의 세차운동에 의해 여러 가지 변화가 나타날 수 있다. 첫째, 북극의 위치가 바뀐다. 현재는 북극성의 위치가 천구의 북극이지만 1만 3,000년이 지나면 천구의 북극 위치는 대략 직녀성 근처가 될 것이다. 계절별 별자리도 현재 우리가 보는 것과 달라진다.

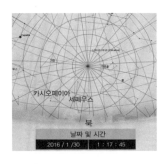 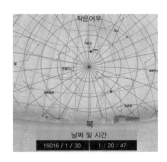

둘째, 기후의 변화를 가져올 수 있다. M. 밀란코비치(세르비아 천체물리학자)가 제시한 이론 중 세차운동에 의한 자전축의 방향의 변화만 고려한다면 북반구를 기준으로 현재는 태양에서 지구가 가장 멀리 있을 때(원일점) 여름이 된다. 그러나 1만 3,000년 후에 지구의 세차운동으로 인해 자전축이 반대로 바뀌면 태양과 가장 가까울 때(근일점) 여름이 된다. 이로 인해 북반구는 여름에는 더 더워지고 겨울에는 더 추워지게 되어서 연교차가 지금보다 크게 나타난다.

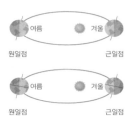 

습곡

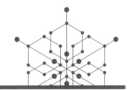

정의 습곡(褶曲, fold)은 수평으로 쌓은 지층이 횡압력을 받아 휘어진 구조를 말한다.

해설 습곡은 변형 작용을 받은 암석 내에서 생성된 구조 중 가장 쉽게 야외에서 관찰되는 것 중의 하나로, 수평으로 퇴적된 지층이 물결처럼 굴곡된 단면을 보여주는 것을 말한다.

| 습곡(배사 구조)

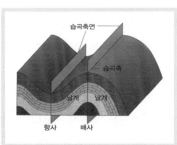

| 습곡 구조의 주요 명칭

습곡의 구조에서 위로 향해 구부러져 있는 것을 배사라 하며, 아래로 향해 구부러져 있는 것을 향사라고 한다. 습곡의 배사나 향사로 향하는 양쪽 경사진 지층 부분을 날개라 하며, 습곡의 양 날개가 만나는 점을 연결한 선을 습곡축이라고 한다.

지층이 지표에 쌓인 퇴적물 자체의 무게에 의해 수직으로 침강하면서 휘어지는 경우와 지층이 횡압력을 받아 굴곡을 이루는 경우에 습곡이 만들어진다. 전자는 주로 지표 가까운 곳에서 일어나며, 후자는 고온 고압 하의 환경인 땅 속 깊은 곳에서 주로 만들어진다. 지표 부근에서는 압력을 받아 부서지는 암

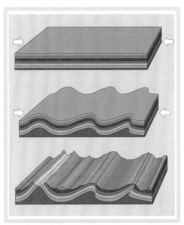

❙ 횡압력에 의한 습곡의 형성 과정

석도 지하 깊은 곳에서는 부서지지 않고 모양만 변하게 된다. 습곡의 형태를 결정하는 변인은 온도, 압력, 암석의 종류 등이 있다.

습곡의 종류를 기하학적 형태에 따라 분류하면 정습곡, 경사습곡, 완사습곡, 급사습곡, 등사습곡, 셰브론 습곡, 횡와습곡 등으로 나눌 수 있다. 등사습곡은 습곡의 날개와 습곡축의 경사가 거의 같은 습곡이며, 횡와습곡은 습곡축 및 날개가 옆으로 누운 습곡을 말한다. 그리고 셰브론 습곡은 두 날개가 부드럽게 휘지 않고 꺾인 모양을 한 습곡이다.

습곡이 생기는 과정에서 수평 방향의 압력만이 작용하는 경우도 있지만, 횡압력과 동시에 지층의 일부분에 융기 및 침강이 생기는 경우 습곡축이 수평 방향에 대해 경사질 수도 있다. 이러한 습곡을

| 등사습곡

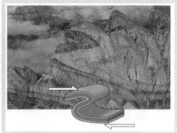

| 횡와습곡

플런지(plunge)라고 하며, 플런
지가 수평면과 평행하게 침식된
경우에 이러한 지형을 위에서
보면 습곡 모양을 띤다. 구글어
스(Google Earth)와 같은 위성
영상 제공 프로그램을 이용하면
거대한 플런지 습곡 구조를 확
인할 수 있다.

| 셰브론 습곡

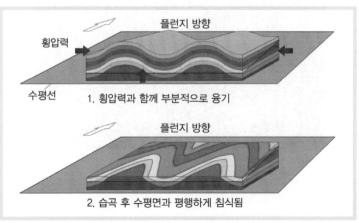

| 경사진 습곡의 형성 과정

| 습곡 지형

지층에 생겨난 소규모의 습곡과 달리 수십~수백 km 이상의 대규모 습곡 구조는 판의 충돌을 야기한 횡압력으로 만들어진다고 생각되며, 이렇게 생긴 안데스 산맥, 알프스 산맥, 히말라야 산맥 등은 거대한 습곡 구조로 인해 습곡산맥이라 불리기도 한다.

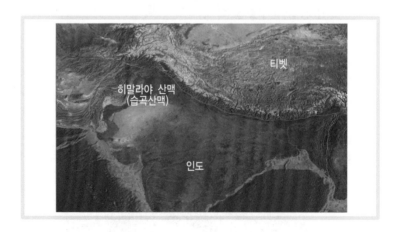

석유 매장에 유리한 배사 구조

유전이 생성되기까지의 몇 가지 조건은 유기물을 함유한 퇴적암
이 널리 발달하여 큰 퇴적 분지가 형성되어 있어야 하며, 적절한
온도와 압력에 의해 화학 변화가 진행되어야 하며, 석유층이 생성
되는 사암이나 석회암이 있어야 하며, 지각의 변동에 의해 석유가
고이기 쉬운 지층 구조를 이루어야 하는 것 등이다.

그러나 이와 같은 조건은 시간상 동시에 성립되어야 하므로 석유
를 채취할 수 있는 지역은 극히 한정되어 있다.

석유의 생성 및 존재에는 근원암(source rock), 저류암(reservoir
rock), 덮개암(seal rock), 트랩(trap)의 네 가지 요소가 필요하다.

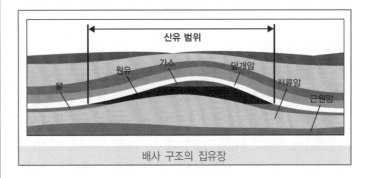

배사 구조의 집유장

첫째, 근원암은 말 그대로 석유가 생성되는 암석을 말한다. 석유
는 유기물로 생성되는 것이어서 석유가 생성되려면 근원암이 될
수 있는 조건, 즉 유기물이 풍부한 이암이어야 한다. 또한 석유가
생성되려면 유기물의 종류와 함량도 중요하게 작용하는데, 근원
암의 유기물 함량이 최소한 1.5% 이상이어야 한다.

둘째, 저류암은 근원암에 의해서 만들어진 석유가 저장되는 암석
이다. 암석은 겉으로는 단단해 보이지만 자세히 보면 공극(암석
내의 빈 공간)이 존재하며, 이러한 공극 내에 석유가 저장된다.

석유가 많이 저장되려면 공극률이 높아야 한다. 이러한 다공질 암석의 대표적인 퇴적암은 사암과 석회암이다.

셋째, 저류암에 저장된 석유가 다른 곳으로 빠져나가지 못하도록 보호하는 덮개암이 있어야 한다. 다른 말로 모자 암석(cap rock)이라고도 하는데, 저류암과는 반대로 공극률이 낮은 셰일, 증발암, 탄산염암이 좋은 저류암이라고 볼 수 있다.

넷째. 트랩은 원유나 가스의 이동이 없고 저장된 집유장은 석유가 형성되는 퇴적암인 근원암, 생성된 석유가 고이는 저류암, 고인 석유가 흘러넘치지 못하도록 위에서 막아주는 덮개암 순서로 형성된 기하학적인 형태를 갖춘 층서 구조(層序構造, layered earth)다. 대표적인 트랩은 낙타의 등처럼 볼록 튀어나온 배사 구조(背斜構造, anticline structure)다. 이 트랩을 찾는 것이 석유 탐사의 목적이다.

석유를 찾기 위한 1차 작업은 지질 조사다. 지질의 퇴적층을 확인하여 지층의 구조, 형성 시기, 근원암 및 저류암 존재 가능성 등을 예측하고, 석유가 있을 것으로 판단되면 다음 단계인 물리 탐사를 진행한다. 바로 시추를 진행할 경우 막대한 자금과 시간이 소모되어 이를 방지하기 위한 단계로 중력, 자력, 전자력 등의 다양한 물리 탐사 방법 중 탄성파를 이용한 탐사가 가장 중요한 역할을 한다. 인위적으로 탄성파를 발사하여 지하 지층에서 반사되어 돌아오는 신호를 분석해 석유가 존재할 만한 구조를 찾는 방법이다. 앞선 두 단계를 통해 석유 존재 가능성이 높은 것으로 증명되면 시추탐사를 진행한다. 회전용 굴착기를 이용해 지면에 구멍을 뚫고 직접 석유를 찾는 것으로 이 단계에서 실제 석유를 찾으면 압력에 의해 석유가 지면(수면) 위로 치솟아 석유 분수가 터지면 탐사 성공이다.

심층 순환

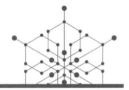

정의　심층 순환(深層循環, deep sea current)은 해양의 심층부에 존재하는 심층수의 흐름을 의미한다.

해설　해수가 거의 일정한 속력과 방향으로 대규모로 흐르는 것을 해류라고 한다. 해류는 발생 원인에 따라 크게 바람에 의해 생기는 표층 해류와 해수의 수온과 염분 등이 달라서 나타나는 밀도의 차이로 생기는 심층 해류로 구분할 수 있다.

바람과 위도에 따른 전향력의 영향으로 지구 전체적으로 표층 해류의 순환이 일어나며, 심층 해류도 해수의 밀도 차에 의해 연직 방향의 순환이 일어난다.

바람은 깊은 바다에까지 영향을 미치지 않으므로 해양학자들은 한때 바다의 심층부는 해수의 흐름이 거의 없다고 생각했다. 하지만 이후 관측 장비가 발달함에 따라 깊은 바다에 대한 연구가 진행되면서 표층 해류처럼 심층에도 심층 해류가 존재한다는 사실이 밝혀졌다. 하지만 표층 해류가 바람으로 만들어지는 것과 달리 심층 해류는 해수의 밀도 차로 형성된다. 그런데 해수의 밀도는 수온과 염분으로 결정되기 때문에 심층 순환을 열·염분 순환이라고도 한다.

적도의 따뜻한 표층 해류가 극으로 이동하면 점차 냉각되는데, 이로 인해 밀도가 커진다. 또한 해수 밀도는 염분이 증가할수록 커지는데, 극지방의 경우 해수가 얼면서 주변 해수에 염분이 높아지면 표층 해수의 밀도는 더욱 증가한다. 대서양의 경우 북극과 남극 주변부의 표층에서 이렇게 밀도가 큰 해수가 형성되고 이것이 심해로 가라앉아 해저를 따라 수평으로 흘러서 심층 해류를 만든다.

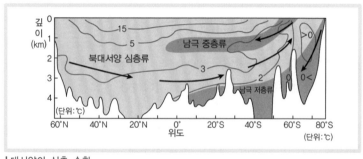

| 대서양의 심층 순환

전 세계 해양에서 고밀도의 해수가 만들어지는 해역은 남극 대륙 주변의 웨들 해와 북대서양의 그린란드 해 주변으로, 이곳에서 침강한 해수가 전 세계 해양으로 퍼져나가 심층수를 형성한다.

겨울철에 남극 대륙 주변 해수의 온도가 낮아져서 결빙하면 주변 해수의 염분은 높아지고, 밀도가 커진 표층 해수는 해저까지 가라앉아 남극 저층수를 이룬다. 남극 저층수는 밀도가 가장 높은 심층수로 남극 대륙 주위의 해저를 따라 돌며 전 세계 해양에 심층수를 공급한다. 한편 북대서양의 그린란드 해역에서는 심하게 냉각된 표층 해수가 가라앉아 형성된 북대서양 심해수가 대양의 서쪽을 따라 강하게 집중되어 남대서양까지 흘러간다. 위 그림은 대서양에서 심층 순환의 단면을 나타낸 것으로, 남반구의 웨들 해에서 만들어진 남극 저층수가 해저를 따라 적도 쪽으로 흐르면서 저층류를 형성한다. 그린란드 해역에서 만들어진 북대서양 심층수는 남극 저층수보다 밀도가 낮아 수심 1,500~4,000m에서 남위 60°까지 확장되는 심층류를 형성한다. 심층 해류의 순환 속도는 표층 해류 순환에 비해 매우 느려 그린란드 해에서 침강한 물이 다시 표면으로 돌아오는 데에는 1,000년 정도나 걸린다고 알려져 있다.

심층 순환은 표층 순환과 더불어 저위도와 고위도 간의 열에너지 수송을 담당하면서 전 지구적 에너지 평형을 유지하는 데 큰 역할을 하고 있다. 하지만 최근에 지구온난화로 인해 극지방의 빙하가 녹아 담수가 유입됨에 따라 북극해 주변 해수의 밀도가 계속 낮아지고 이로 인해 심층수의 침강이 약화되어 결국 심층 순환이 약화되고 있다. 학자들은 이러한 변화가 계속되면 지구 기후에 엄청난 재앙이 초래될 것으로 예상하고 있다.

나치 독일군의 유보트와 지중해 밀도류

생각.거리.

지중해는 강수량보다 증발량이 많아서 표층수의 염분 농도가 중층수나 저층수보다 높다. 따라서 밀도가 높은 표층수가 침강하여 밀도류를 형성한다. 한편 지중해의 해수면은 대서양보다 약간 낮아서 밀도가 낮은 대서양의 해수가 지브롤터 해협을 통해 표층류를 형성하면서 지중해로 유입되고, 지중해의 해수는 밀도가 높으므로 저층류를 형성하면서 대서양으로 빠져 나간다.

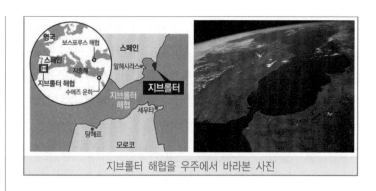

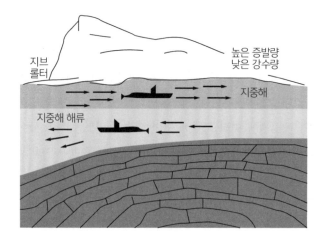

지브롤터 해협을 우주에서 바라본 사진

제2차 세계대전 중에 연합군은 군수품을 수에즈 운하로 수송했다. 영국 해군은 지중해에서의 안전한 수송을 위해 지브롤터 해협을 봉쇄했으나 독일군 잠수함인 유보트의 활동을 막지 못해 지중해에서 상당한 수송선이 격침당했다.

독일군 잠수함은 대서양에서 지중해로 들어갈 때 지브롤터 해협 근처에서 수 m 정도의 얕은 수심으로 잠수한 후 엔진을 끄고 가만히 있으면 대서양 해류를 따라 자연히 지중해로 들어가게 된다. 지중해에서 연합군의 수송선단을 공격하고 대서양으로 나갈 때에는 수중 수십 m의 깊이로 잠수한 후 들어올 때처럼 엔진을 끄고 가만히 있으면 지중해의 밀도류를 따라 자연히 대서양으로 빠져나가게 된다. 이처럼 독일군은 해양에서 밀도류를 최대한 활용했다. 연합군은 전쟁이 끝난 후에야 이러한 사실을 알았다. 세계대전 당시 연합군에서는 어떻게 유보트가 연합군의 감시를 피해 지중해에 출몰했는지 그 원인을 잘 몰랐으며, 전쟁이 끝난 후에야 유보트가 밀도 차에 의한 해류를 이용했기 때문에 소나(음파탐지기)에도 나타나지 않은 사실을 알았다.

에크만 수송

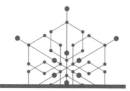

정의   에크만 수송(- 輸送, Ekman transport)은 바다 위를 부는 바람의 응력으로 일어나는 해수의 흐름으로 에크만 취송류(吹送流, drift current)라고도 한다.

해설   해수면 위에 바람이 지속적으로 불면 공기와 바닷물의 마찰에 의하여 표층 해수가 가장 먼저 움직이며, 움직이는 동안 지구 자전으로 전향력을 받아 북반구에서는 바람 방향에 대해 45°만큼 오른쪽으로(남반구에서는 바람 방향에 대해 45°만큼 왼쪽으로) 휜다. 이때 표층의 바로 아래에 있는 해수층도 마찰로 함께 흐른다. 이 해수층의 속도는 표층 해수보다 느리며, 해수의 이동 방향에 대해 오른쪽으로 전향력을 받기 때문에 더 오른쪽으로 휜다. 수심이 깊어지면 해수의 이동 속도는 급격히 감소하고, 방향은 점점 더 오른쪽으로 휜다. 해수의 깊이에 따른 유속과 방향의 변화를 위에서 내려다보면 마치 나사가 돌아가듯 나선 형태(에크만 나선)를 보인다. 이렇게 휘다가 표층 해수의 운동 방향과 반대가 되는 수심을 마찰 저항 심도라 하고 중위도 대양에서 보통 수심 100~200m 사이에 위치하며, 해수면 위에서 부는 바람의 영향은 대략 마찰 저항 심도까지 미친다고 볼 수 있다. 이때 바람과의 직접적인 마찰에 의해 일어나는 평균적인 해수의 흐름을 에크만 수송이라 하는데, 그 흐름은 북반구에서는 풍향에 대해 오른쪽 90°, 남반구에서는 왼쪽 90°다.

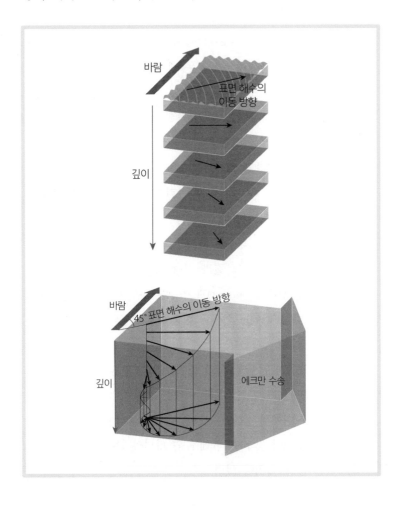

빙하의 움직임으로 발견한 에크만 수송

노르웨이의 해양학자 난센(Fridtjof Nansen, 1861~1930)은 탐사선을 타고 북극해를 항해하다 빙산에 갇혔다. 그의 탐사선은 물에 떠 있는 빙산이 움직이는 대로 항해할 수밖에 없었다. 이 과정에서 그는 바람과 같은 방향에 대해 20~40° 오른쪽으로 치우쳐져 빙산이 이동하고 있다는 사실을 발견하고 나중에 제자 에크만에게 이를 연구할 것을 제안했다.

1905년 스웨덴의 해양물리학자 에크만(Vagn Walfrid Ekman, 1874~1954)은 표층에서 이동하는 해수는 지구 자전의 영향으로 풍향에 대해 약 45° 방향으로 이동하고, 표층 밑의 해수는 그 위의 해수가 미는 방향에 대해 다시 오른쪽 방향으로 이동하게 되므로 바람의 영향이 미치는 해수층의 평균적 이동은 풍향에 대해 직각 오른쪽 방향이 된다고 밝혔다. 그리고 하층으로 갈수록 마찰에 의한 힘의 손실로 해수의 이동 속력은 점진적으로 감소한다.

바람에 의한 에크만 수송이 이와 같이 일어난다면 지구상에 분포한 모든 바다 면에는 해수면 경사가 생긴다. 해수면 경사는 수압경도력을 발생시키고 그 결과 지형류를 만든다.

연안 용승(upwelling current)과 침강은 바람이 해안과 평행하게 불 때 발생하는데, 에크만 수송 현상에 기인한다. 해수면도 보통 10~20cm 상승, 하강한다.

북반구 해안에서 바람(남풍)이 불어 에크만 수송에 의해 표층 해수가 먼 바다 쪽으로 이동하면 이동한 해수를 보충하기 위해 연안의 표층수 밑에서 심해의 차가운 해수가 보급되어 용승이 일어난다. 캘리포니아 앞 바다나 페루 앞 바다와 같은 대륙 서해안에 대표적인 용승 해역이 있다.

그리고 적도 해역에서 북반구 쪽은 북동 무역풍으로 에크만 수송이 북쪽으로 나타나고, 남반구 쪽은 남동 무역풍으로 에크만 수송이 남쪽으로 나타난다. 따라서 적도 해역에서는 해수의 발산이 일어나 해수면이 주변보다 낮아지고 이로 인해 용승이 일어난다. 용승 속도는 매우 느려서 보통 1개월에 20m정도다. 용승이 일어나면 차가운 해수가 올라오므로 해안의 수온이 내려가고 이로 인해 서늘한 날씨가 나타나며 역전층과 안개가 자주 발생하고 냉해로 인한 피해가 생기기도 한다. 그리고 심해에서 영양염류가 풍부한 심층수가 올라오므로 식물성 플랑크톤이 증가하여 좋은 어장이 형성된다.

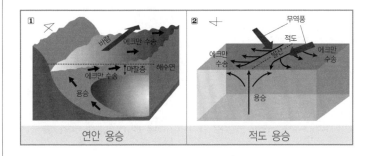

연안 용승　　　　　　적도 용승

주요 용승 해역

특히 연안 용승으로 수온이 낮아 용존산소가 많고 영양염류가 풍부한 해수가 상승하여 좋은 어장을 형성하는 곳은 페루-칠레 해역, 캘리포니아-오리건 해역, 아프리카 북서부(카나리아), 아프리카 남서부(벵겔라) 등이다.

한반도에는 6~8월에 울산 근해 해역에서 동해안을 따라 남풍이 지속적으로 불 때, 에크만 수송에 의해 해안선에 있는 표면 해수가 먼 바다로 이동하여 연안 용승 작용이 발생한다. 즉, 해안을 왼쪽에 두고 평행하게 바람이 불 때 용승 현상이 발생하여 어족이 풍부해지며, 서해안의 같은 깊이의 바닷물보다 차다.

엘니뇨

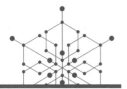

정의 엘니뇨(El Niño)는 태평양 중앙부터 남아메리카 대륙 서쪽 해안에 이르는 동태평양 적도 지역의 넓은 범위에서 해수면 온도가 지속적으로 높아지는 현상을 의미한다.

해설 열대 태평양의 표층 해류는 북적도 해류와 남적도 해류로 일반적으로 동쪽에서 서쪽으로 흐른다. 그리고 이들 표층 해류가 생기는 원인은 무역풍이다. 이 무역풍은 2~6년을 주기로 그 세기가 변하는데, 이에 따라 표층 해류의 세기도 달라진다.

평소 동쪽에서 서쪽으로 흐르는 표층 해류로 인해 동태평양의 따뜻한 해수가 서쪽으로 이동함에 따라 동태평양의 해수면 온도는 하강한다. 또한 부족한 해수를 보충하기 위해 하층의 차가운 물이 해수면으로 상승하는 용승 현상(200~300m의 중층의 찬 해수가 여러 가지 원인으로 상승하여 해면으로 솟아오르는 현상)이 일어남에 따라 동태평양은 적도 부근임에도 낮은 수온을 유지한다. 이렇게 심층에서 올라온 찬 해수에는 영양염류가 풍부해 동태평양(대륙의 서해안 부근)에는 좋은 어장이 형성된다.

하지만 무역풍이 약해지면 표층 해류도 약해지고 결국 동태평양의 해수면 온도가 상승하는데 이를 엘니뇨라고 한다. 엘니뇨의 강도는 매우 다양해 약간의 온도이상(溫度異常, 2~3℃)으로 일부 지역에 약간의 영향을 미치는 경우도 있지만, 심한 온도이상(8~10℃)으로 전 세계의 기후 변동을 일으키는 경우도 있다. 엘니뇨는 전형적으로 3, 4년 간격으로 일어나며, 강한 엘니뇨 현상은 그보다 더 드물게 나타난다. 엘니뇨가 발생하면 높아진 수온 탓에 구름이 많이 발생하여 동태평양은 폭우와 홍수 등의 피해가 발생하고 용승이 약해짐에 따라 어장이 나빠진다.

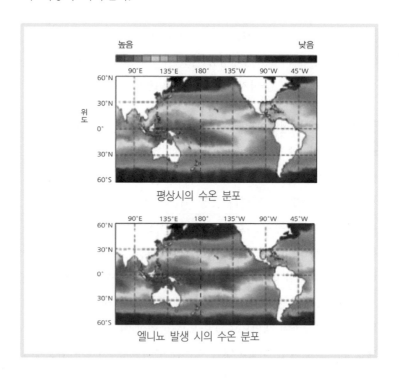

평상시의 수온 분포

엘니뇨 발생 시의 수온 분포

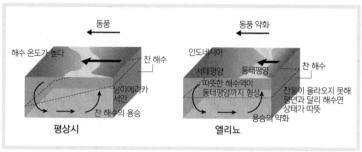

| 엘니뇨

엘니뇨라는 이름은 페루 어부들의 표현에서 비롯되었는데, 스페인어로 '남자아이(The Child)' 또는 '아기 예수(The christ Child)'라는 뜻이다. 왜 이런 이름이 생겼냐면 페루와 에콰도르의 국경에 있는 과야킬만에서 매년 12월, 크리스마스를 전후하여 북쪽으로부터 난류가 유입되어 연안의 해수면이 상승하고, 이 난류를 따라 평소에 볼 수 없던 고기가 잡혀 페루 어민들이 크리스마스와 연관시켜 하늘의 은혜에 감사하는 의미로 엘니뇨(El Nino)라 불렀다. 처음에는 이처럼 감사하는 의미로 엘니뇨라 했지만 크리스마스 시즌이 되면 바닷물의 기온이 평소보다 올라가 페루 연안에서는 안초비(멸치의 일종)의 어획량 감소 및 홍수의 발생 등으로 페루의 사회·경제에 타격을 주었다. 엘니뇨와 반대로 평년보다 0.5도 낮은 저수온 현상이 5개월 이상 일어나는 경우도 있는데, 이를 '라니냐(La Nina)'라고 한다. 라니냐 현상은 무역풍이 평년보다 강해지면 서태평양의 해수면과 수온은 평년보다 상승하게 되고, 동태평양의 경우 찬 해수의 용승이 강해짐에 따라 저수온 현상이 강화되는 현상이 나타난다.

미국의 해양학자 조지 필랜더(S. G. H. Philander)가 엘니뇨가 '남자아이'라는 데에 착안하여 그 반대 현상의 의미로 '여자 아이'를 뜻하는 라니냐로 부르면서 그 이름이 널리 사용되었다.
이 현상이 발생하면 원래 찬 동태평양의 바닷물은 더욱 차가워져 서
태평양까지 진행한다.

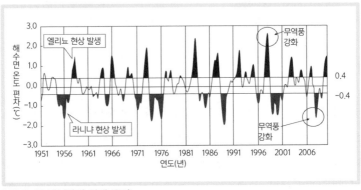

| 엘니뇨와 라니냐의 발생 주기

엘니뇨와 라니냐는 열대 해양의 수온의 변화를 일으킬 뿐만 아니라
대기의 순환도 바꿔놓는다. 예를 들어 평소 수온이 높은 서태평양은
대기의 상승 운동이 강하고 수온이 낮은 동태평양은 대기의 하강 운
동이 우세하다. 이로 인해 열대 태평양에는 동서 방향으로 거대한
대기의 순환이 형성되는데 이를 워커 순환이라고 한다. 엘니뇨가 발
생하는 경우 이 워커 순환의 축이 이동하면서 열대 태평양에 장마와
가뭄 분포가 변동하면서 이상기후가 발생한다. 또한 워커 순환의 변
동에 의해 발생한 파동이 고위도까지 전달되면서 엘니뇨는 단순히
열대 태평양의 기후를 변화시키는 데 그치지 않고 전 세계적인 기후
이변의 원인이 되기도 한다.
주기적인 엘니뇨의 발생과 소멸은 태평양의 기압 분포를 주기적으로
변동시키는데, 이를 남방진동(南方振動, southern oscillation)이라고

한다. 결국 해양에서 발생하는 현상인 엘니뇨와 대기에서 나타나는 남방진동이 서로 연결된 하나의 현상임이 밝혀지면서 현재는 엘니뇨와 남방진동을 합쳐 ENSO(El Niño - southern oscillation)라고 부른다.

엘니뇨와 기상이변

생.
각.
거.
리.

이상기후는 과거 30년간의 평균 기후와 변화가 생겨 사회나 인명에 기상현상으로 인해 피해가 생겼을 경우를 의미한다. 또한 기상이변은 이상기후로 인해 특정 시간 및 장소에서 폭우, 폭염 등의 발생하기 어려운 보기 드문 기상현상을 의미한다.

엘니뇨가 나타날 때 동반되는 세계의 기상현상은 일반적으로 필리핀, 인도네시아, 호주 북부 등지에서는 강수량이 평년보다 적으며, 반면에 적도, 중앙태평양, 멕시코 북부와 미국 남부, 남미 대륙 중부에서는 홍수가 나는 등 예년보다 많은 강수를 보인다고 알려지고 있다. 즉, 엘니뇨가 발생하면 대기의 흐름을 변화시켜 페루 등 남미지역과 태평양을 둘러싼 열대, 아열대지역인 인도네시아, 필리핀, 호주 등지에 기상이변을 일으키는 경향이 뚜렷하다. 케냐, 탄자니아 등 아프리카 동부에서는 10~12월에 비가 많아지고, 남아프리카에서는 여름에 중부를 중심으로 적은 강수량을 보인다.

한반도는 엘니뇨가 발생한 해에는 여름철 기온이 평년보다 다소 낮게 나타나기도 하고, 비가 다소 많은 경향은 있으나 아주 뚜렷하지는 않다. 이것은 한반도가 중위도 지방에 위치하여 적도 태평양뿐 아니라 북서쪽 고위도 지방에서 흘러들어 오는 공기의 영향을 받기 때문이다. 이것이 엘니뇨의 영향과 함께 겹쳐져, 한반도에서는 열대나 아열대 지방처럼 엘니뇨의 영향이 아주 뚜렷하게 나타나지는 않는다.

엘니뇨가 일어났을 때에는 거의 전 지구적으로 많은 대기 흐름의 변화가 일어난다. 특히, 엘니뇨가 가장 강했던 1982~1983년에는 타히티로부터 인도에 걸쳐 가뭄과 산불, 홍수 및 허리케인으로 2,000여 명이 숨지고 수천 명의 이재민이 발생했으며, 이로 인해 피해 규모는 무려 130억 달러(약 11조 7,000억 원)에 달했다. 그리고 엘니뇨는 토네이도의 발생 횟수를 줄이고 대서양과 카리브해의 폭풍을 가라앉혔으나 캘리포니아와 남미의 폭풍은 증가시켰다. 이와 같이 많은 기상이변을 수온 변화의 엘니뇨와 대기의 순환과 연관 지어 설명하고 있다.

연주시차

정의 연주시차(年周視差, annual parallax)는 지구의 공전이 원인이 되어 나타나는 시차를 말한다.

해설 한 물체를 관측자가 서로 다른 위치에서 보았을 때 생기는 각의 차이를 시차라고 한다. 손가락을 세운 후 팔을 쭉 뻗어서 멀리 있는 풍경을 왼쪽 눈으로 볼 때와 오른쪽 눈으로만 볼 때 손가락의 위치가 배경에 대해서 달라지는데, 이것이 시차에 해당한다. 그런데 지구는 태양 둘레를 공전하므로, 지구 밖에 있는 어떤 천체를 지구에서 바라본다면 지구의 위치 변화에 따라 시차가 생길 것이다.

그리고 6개월 단위로 시차의 최댓값이 나타나는데, 이때의 전체 시차각의 1/2을 연주시차라고 한다. 즉, 연주시차란 태양과 바라보는 천체를 잇는 직선, 그리고 지구와 바라보는 천체를 잇는 직선이 이루는 각으로 나타내며, 연주라는 말을 지구가 1년에 1바퀴 공전한다는 의미를 가진다.

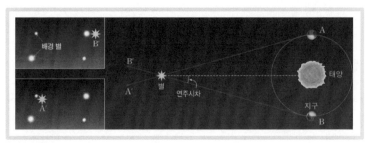

| 연주시차

연주시차는 지구의 공전을 증명하는 방법 중 하나다. 따라서 태양중심설과 지구중심설이 대립하고 있던 16세기에도 천문학자들은 시차를 측정하고자 노력해왔다. 하지만 별이 워낙 멀리 있다 보니 연주시차가 너무 작아 실제로 별의 연주시차가 측정된 것은 한참 더 지나고 나서였다.

1838년 프러시아의 천문가 베셀(Friedrich Wilhelm Bessel, 1784~1846)이 마침내 백조자리 61번 별의 연주시차가 0.313″임을 발표했다. 여기서 1″(초)라는 각도는 1°(도)의 1/3600에 해당하는 매우 작은 각이다. 오늘날 우리에게 가장 가까운 별인 센타우루스자리의 프록시마는 연주시차가 0.764″이다.

별의 연주시차는 지구에서 별까지의 거리가 멀어질수록 작아지고, 반대로 가까워질수록 커진다. 즉, 별의 연주시차는 별까지의 거리와 반비례 관계가 있다. 이를 이용해서 우리는 별의 거리를 구할 수 있다.

$$거리(pc) = \frac{1}{연주시차(″)}$$

하지만 대부분의 별은 매우 멀리 있어 연주시차도 아주 작다. 그래서 연주시차를 사용해 별까지 거리를 구하는 것은 매우 제한적이며 상대적으로 가까운 별들의 거리를 구하는 대만 연주시차를 이용할 수 있다.

지구가 태양 둘레를 공전함에 따라, 각 별은 위치가 1년을 주기로 달라지는데, 이때 각 별이 천구상에 만들어내는 궤도를 시차궤도라고 한다. 별의 시차궤도는 별의 방향에 따라 달라지는데, 지구의 공전궤도면에 수직인 방향에 있는 별은 원 궤도를 그리고, 공전궤도(황도)상에 있는 별은 직선으로 왕복한다.

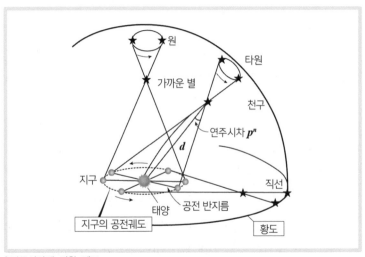

| 연주시차에 의한 궤도

별의 거리를 구하는 방법

별은 너무 멀리 있어서 거리를 직접 측정할 수는 없어서 과학자들은 기발한 방법으로 별까지의 거리를 측정했는데 연주시차, 거리지수(距離指數, distance modulus), 적색편이(赤色偏移, red shift, 허블 법칙) 등을 이용했다. 태양까지 거리는 태양 주위를 도는 행성에 지구에서 전파를 보내고 반사되는 파의 도달 시간을 이용하여 1AU를 구했고, 태양을 제외하고 지구에서 가장 연주시차가 큰 별(가까운 별)은 프록시마 센타우리로 0.769″이다. 대부분의 별이 1″보다 작은 연주시차를 갖기 때문에 연주시차를 이용하여 별의 거리를 알아내는 것은 지구에서 100pc 이내에 있는 비교적 가까운 별만 가능하다.

현대에 와서는 인공위성을 이용하여 별의 연주시차를 측정한다. 지상에서 하는 방법과 그 원리는 같지만 지구 대기의 영향이 없는 인공위성에서 측정할 경우 천체의 위치 측정에 대한 오차를 줄일 수 있기 때문이다.

100pc보다 멀리 있는 별의 거리 측정으로 세페이드 변광성(맥동변광성)의 주기를 이용한다. 이것은 먼 곳에 있는 세페이드 변광성의 변광 주기로 구한 절대 등급(M)과 겉보기 밝기(m)를 측정하여 비교함으로써 그 별까지의 거리(R)를 구할 수 있다. 다음의 식을 이용한다.

$$m - M = -5 + 5\log R(pc)$$

아주 먼 외부은하의 거리는 도플러 효과를 이용한다. 별빛의 적색편이 정도를 이용하여 가까운 은하와 먼 은하를 구분할 수 있다. 즉, 도플러 효과에 의하면 파원에 상대적으로 접근하면 파원의 파장이 원래보다 짧게 관측(청색편이)되고, 상대적으로 멀어지면 원래 파장보다 길게 관측(적색편이)되며, 접근하거나 후퇴하는 속도가 빠를수록 파장 변화가 더 크게 된다. 이를 별빛 스펙트럼 관측에 이용하면 흡수선의 적색편이가 큰 별일수록 더 멀리 있는 천체라고 판단할 수 있으며, 이것이 허블의 법칙으로 V=HR의 식으로 표현된다. V는 도플러 효과로 구한 파장편이로 구한 후퇴시선 속도이고, R은 은하까지 거리이며, H는 허블 상수다.

▌천문 단위 해설

1AU	태양과 지구 사이의 평균거리로 1.5×10^8 km로 정하고, 천문 단위라고 하며, 주로 태양계 내에 있는 천체의 거리를 나타내는 단위로 사용한다.
1광년(LY)	빛이 1년 동안 이동한 거리로 63,000AU로, 약 0.5×10^{12} km이다.
1pc	연주시차가 1"인 별의 거리로 3.26광년이고, 3×10^{13} km이다.

연주시차

연주운동

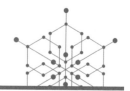

정의 연주운동(年周運動, annual motion)은 지구 주위를 도는 태양이 1년에 걸쳐 하는 주기적 운동 또는 지구의 공전에 의한 천체의 일 년 주기의 겉보기 운동이다.

해설 지구가 태양 주위를 서에서 동(반시계 방향)으로 1년을 주기로 공전하므로, 그림과 같이 천구 상의 고정된 별들 사이를 태양이 하루에 약 1°씩 서에서 동으로 이동하여 1년이 지나면 제자리로 돌아오는 운동을 하는데, 이를 태양의 연주운동이라고 한다. 이때 태양이 천구상에서 지나가는 길을 황도라고 하고, 황도 주변의 12개 별자리를 황도 12궁이라고 한다. 태양의 연주 운동은 실제로 태양이 별자리 사이를 지나가는 것이 아니라 지구가 1년에 한 번씩 태양 주위를 공전하기 때문에 일어나는 것으로 지구의 공전에 따른 태양의 겉보기 운동이다.

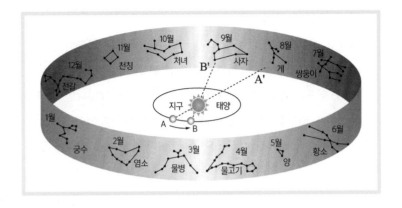

여러 날에 걸쳐 일정한 시각에 밤하늘을 관측해보면 별자리가 매일 동에서 서로 약 1°씩 옮겨가는 것을 알 수 있다.

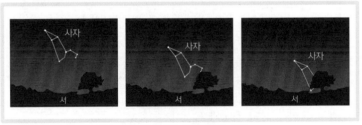

| 15일 간격으로 매일 같은 시간에 관측한 사자자리의 위치

천구를 고정시켜 놓고 태양이 황도를 따라 매일 서에서 동으로 약 1°씩 움직여 간다는 것을 반대로 태양을 기준으로 하면 별자리는 태양에 더 가까워지는 운동(동 → 서)을 한다.

매일 같은 시각으로 태양의 위치를 고정시켜 놓으면 별자리가 하루에 약 1°씩 동에서 서로 이동하여 1년 후에 원래의 위치로 되돌아오는 겉보기운동을 한다.

지구 공전의 증거

생.
각.
거.
리.

태양의 연주운동과 계절에 따라 변하는 별자리는 지구의 공전으로 나타나는 현상이다. 하지만 이러한 현상은 천동설에서도 설명할 수 있으므로 공전의 증거가 되지는 않는다. 그렇다면 지구가 공전하고 있다는 증거에는 어떤 것이 있을까? 항성의 연주시차, 연주 광행차, 별빛의 시선속도(스펙트럼) 변화 등은 지구가 공전하고 있다는 결정적 증거가 된다.

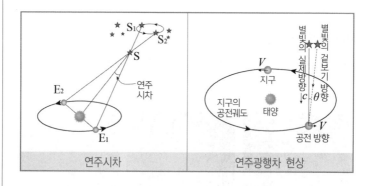

| 연주시차 | 연주광행차 현상 |

위의 그림과 같이 지구가 태양 주위를 공전하면 비교적 가까운 별 S의 천구상 위치는 지구의 위치에 따라 달라진다. 거리가 매우 먼 별을 기준으로 어떤 한 별이 천구상에서 움직인 것처럼 보이

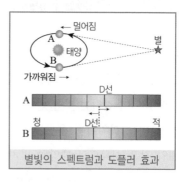

별빛의 스펙트럼과 도플러 효과

는데 이것은 지구에서 관측하기 때문에 지구가 공전한 만큼 우리가 움직인 상태에서 보기 때문이다. 즉, 공전궤도 위의 점 E1에서 보면 별 S는 천구의 S1에 위치하고, 지구가 계속 공전하여 점E2에

있게 되면 별 S는 천구의 S2로 움직인다. 이처럼 태양에 가까운 별들이 지구의 공전 때문에 1년 동안 움직인 것처럼 보이는 각 크기의 절반을 그 별의 연주시차라고 한다.

광행차는 $\tan\theta = v/c$로 나타내는데, 지구가 공전하기 때문에 별빛이 약간 앞쪽으로 기울어져 관측되는 현상이다. 비 오는 날 빗방울이 똑바로 떨어져도 우산을 약간 앞으로 기울이고 걸어야 비를 맞지 않는 것처럼 별빛도 공전하고 있는 지구 위의 관측자에게는 그림처럼 실제보다 약간 앞쪽에서 오는 것처럼 보인다.

별의 스펙트럼을 1년 동안 관측하여 비교해보면, 스펙트럼상의 흡수선의 위치가 파장이 긴 쪽으로 이동했다가(적색편이), 파장이 짧은 쪽으로 이동했다(청색편이) 하는 현상이 반복되는 것을 관측할 수 있는데, 이것은 지구가 공전하면서 그 별에 대해 멀어졌다 가까워졌다 하기 때문이다. 이러한 현상을 도플러 효과라고 한다. 마찬가지로 앞의 그림과 같이 천구에서 황도면 위에 있는 어떤 별에 대해 지구가 공전하며 그 별에서 멀어질 때(A 위치)는 별의 스펙트럼이 긴 파장(적색) 쪽으로 치우치고, 반대로 가까워질 때(B 위치)는 짧은 파장(청색) 쪽으로 치우쳐 나타난다.

외행성의 위치관계

정의 외행성(outer planets), 즉 지구보다 바깥쪽 궤도에서 태양을 공전하는 행성의 지구와의 위치관계다.

해설 태양계를 구성하는 행성 중에 지구보다 바깥쪽 궤도에서 태양 주위를 돌고 있는 행성들로 화성, 목성, 토성, 천왕성, 해왕성이 외행성에 속한다. 구는 지구에서 보았을 때, 외행성이 태양의 직각 방향에 위치했을 때로 태양과의 이각이 90도인 경우를 의미한다. 최대이각(最大離角, greatest elongation)과 마찬가지로 행성이 태양의 오른편에 위치할 때 태양보다 서쪽에 위치하므로 서구라 하며, 왼편에 위치할 때는 동구라고 한다. 서구는 태양보다 6시간 먼저 남중하고 태양이 뜨기 전 대략 6시간 동안 관측 가능하고 동구는 태양보다 6시간 나중에 남중하고 태양이 진 후에 대략 6시간 동안 관측 가능하다. 또한 태양, 지구, 외행성 순으로 일직선으로 나열되어 지구에서 관측했을 때 태양으로부터 180도의 이각을 이룬 경우를 충(衝,

opposition)이라고 한다. 충의 위치에 있을 때 태양과의 이각이 가장 크므로 초저녁부터 새벽까지 관측 시간이 가장 길다. 그리고 일반적으로 지구로부터 거리가 가장 가까워 시직경이 가장 크고 또한 망(보름달)의 위상으로

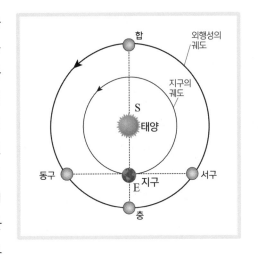

관측되어 밝기가 가장 밝은 위치다. 외행성인 경우는 충의 위치에 있을 때 행성의 표면을 관찰하기가 좋다. 그리고 태양의 뒤편에 있어서 외행성, 태양, 지구 순으로 나열된 경우를 합(合, conjunction)이라고 한다. 위상은 망이지만 행성이 합의 위치에 있을 때는 햇빛 때문에 행성을 관측하기 어렵다.

외행성의 위상 변화를 보면 초승, 그믐의 위상은 관측할 수 없고 항상 반달 모양보다 큰 위상만 관측 가능하다. 그 이유는 지구와 외행성과의 공전궤도상의 위치 때문에 모든 위치에서 태양-외행성-지구가 이루는 각이 90° 작게 나오기 때문이다.

행성들이 태양 주변을 공전할 때 지구 역시 태양 주변을 공전한다. 이때 지구에서 바라본 행성들의 위치도 바뀐다. 지구보다 태양을 빠르게 공전하는 내행성의 경우 내행성이 공전하는 반시계 방향으로 위치관계가 달라지므로 '내합 → 서방 최대이각 → 외합 → 동방 최대이각' 순으로 위치관계가 달라지지만, 외행성의 경우 지구보다 공전 속도가 느리므로 외행성보다 빠르게 공전하는 지구에서 바라보면 위

치관계의 변화는 외행성이 공전하는 반시계 방향과는 반대로 '충→
동구 → 합 → 서구' 순으로 위치관계가 나타난다.

명왕성이 행성에서 퇴출된 이유

생.
각.
거.
리.

행성에 대한 정의는 고대부터 있어 왔다. 고대에 행성은 천구상
에서 적경과 적위가 고정되어 있는 별과 달리 움직이는 모든 천
체를 의미했다. 이 정의에 따르면 태양계에 있는 태양을 제외한
모든 천체는 행성에 속한다. 하지만 당시에는 오로지 육안으로만
천체를 관측했기 때문에 눈에 보이는 밝기를 가진 수성, 금성,
화성, 목성, 토성만이 행성에 들어갔다. 망원경의 발달로 어두운
천체가 관측되기 시작하면서 1700년대 이후 천왕성과 해왕성, 명
왕성이 차례로 행성의 목록에 들어가게 되었다. 관측 기술이 더
욱 발달함에 따라 수없이 많은 소행성들도 차례대로 관측되었고
명왕성 너머 태양계 천체들이 더 발견되면서 행성에 대한 재정의
가 필요하게 되었다.

2006년 국제천문연맹(IAU: International Astronomical Union)
총회에서 행성의 정의를 새롭게 채택했다. 다음 네 가지 조건을
모두 충족할 경우를 행성이라고 한다.

❶ 별의 둘레를 공전해야 한다.
❷ 자체 중력에 의해 둥근 모양을 유지할 수 있을 만큼 질량이
   충분히 커야 한다.
❸ 천체 중심에서 수소핵융합 반응이 일어나지 않을 만큼 질량이
   크지 않아야 한다.

❹ 자신의 궤도 주변에서 충분히 크기가 큰 천체가 남아 있지
않을 정도로 중력이 지배적이어야 한다.

이 가운데 4의 조건이 의미심장한데, 9번째 행성으로 불리던 명
왕성이 이 조건을 충족하지 못하면서 행성 목록에서 제외된 것이
다. 그리고 4의 조건을 제외한 나머지 세 조건을 충족한 천체를
왜행성(왜소행성, dwarf planet)이라고 명명하게 되었다. 왜행성
은 태양 주위를 공전하는 구형의 천체로 행성보다 중력이 작은
천체를 의미한다.
왜행성에 속하는 천체는 다음과 같다.

공식 명칭	구 명칭	궤도 긴반지름	지름
1 세레스	세레스	2.8 AU	974.6km
134340 플루토	명왕성	40 AU	2,368km
136108 하우메아	2003 EL61	43 AU	1,930km
136472 마케마케	2005 FY9	46 AU	1,502km
136199 에리스	2003 UB313	68 AU	2,326km

월식

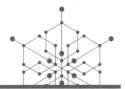

정의　월식(月蝕, lunar eclipse)은 달이 지구의 그림자 속으로 들어가서 달이 가려지는 현상이다.

해설　지구의 그림자는 두 부분으로 나뉘는데 아주 어두운 중심 지역을 본그림자(本影, umbra)라 하고, 주변의 덜 어두운 부분을 반그림자(半影, penumbra)라 한다. 달은 스스로 빛을 내지 못하고 태양 빛을 받아야만 밝게 보이므로, 만약 달이 지구의 본그림자에 들어가게 되면 햇빛을 받지 못해 달의 일부가 가려지는 월식이 나타난다.

달 전체가 지구의 본그림자 영역에 들어가면 달 전체가 가려지는 개기월식이 나타나고, 달의 일부가 지구의 본그림자에 들어가면 부분월식이 나타난다. 특히 부분월식일 때 우리는 지구의 본그림자의 경계를 일부 볼 수 있는데, 이때 나타나는 지구 본그림자의 경계가 곡선인 것을 통해 지구의 모양이 구형임을 다시 한 번 확인할 수 있다.

월식은 지구가 달과 태양 사이에 위치할 때 일어날 수 있는 현상이므로 보름달이 뜨는 음력 15일경에 일어난다. 그러나 매달 '태양-지구-달(망)'의 위치관계일 때마다 월식이 일어나지는 않는다. 이는 지구의 공전궤도면(황도면)과 달의 공전궤도면(백도면)이 약 5° 기울어져 있어 '태양-지구-달'이 일직선상에 놓이는 경우가 적기 때문이다. 그래서 백도와 황도가 교차하는 교점 근처에 태양이 있을 때 월식이 일어난다.

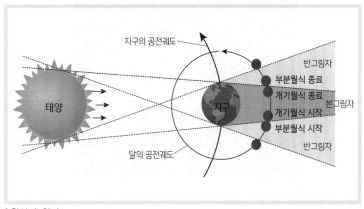

지구의 공전궤도

태양

지구

반그림자
부분월식 종료
개기월식 종료
본그림자
개기월식 시작
부분월식 시작
반그림자

달의 공전궤도

| 월식의 원리

개기월식이 일어나는 동안에도 사실 달은 희미하게 보이긴 한다. 지구의 본그림자 속에 달 전체가 들어갔으니 태양 빛을 전혀 받지 못하는데도 달이 보이는 이유는 무엇일까? 이것은 바로 지구의 대기가 태양 빛의 일부를 달 쪽으로 굴절시키기 때문이다. 특히 이때 굴절된 빛은 지구 대기에 의한 산란이 적은 파장이 긴 붉은빛이어서 개기일식 때 보이는 희미한 달은 불그스름해 보이는 특징이 있다.

월식은 시작부터 끝날 때까지 대략 수 시간이 걸리며 지구의 본그림자가 상당히 크기 때문에 개기월식도 약 1시간 정도 지속된다. 또한 월식이 일어날 때 보름달의 왼쪽부터 가려지는데 이는 달이 지구 주위를 반시계 방향으로 공전하기 때문이다.

5일 0시 1분
반영식 종료

22시 45분
부분식 종료

21시 06분
개기월식 종료

20시 54분
개기월식 시작

19시 15분
부분월식 시작

|2015년 4월 4일 개기월식 진행도

황도와 백도

생.
각.
거.
리.

천구상에서 태양이 지나가는 길을 황도(黃道, ecliptic)라 하고, 달이 지나가는 길을 백도(白道, moon's path)라 한다.

지구가 일 년에 한 바퀴 공전하기 때문에 천구상에서 태양이 이동하는 것처럼 보이는 경로를 황도라 한다. 황도면은 적도면과 23° 27′쯤 기울어 있고, 황도상의 적도를 가로지르는 두 점이 춘분점과 추분점이다. 또 황도상에서 가장 북쪽에 있는 점을 하지점,

가장 남쪽에 있는 점을 동지점이라 한다. 태양이 황도를 따라 매일 약 1°씩 서쪽에서 동쪽으로 연주운동을 하면서 이 점들을 통과할 때를 춘분, 하지, 추분, 동지라고 한다.

달이 매달 지구 주위를 한 바퀴 공전하기 때문에 천구상에서 달이 이동하는 것처럼 보이는 경로를 백도라고 한다. 달은 지구의 자전에 의해서 다른 천체들과 마찬가지로 동쪽에서 서쪽으로 일주운동을 하는 것처럼 보이지만 그 공전 방향이 지구의 자전 방향과 같기 때문에 천구상을 매일 약 13.2°씩 서쪽에서 동쪽으로 이동하면서 지나간다.

백도는 태양이 천구 위를 지나는 길인 황도에 대해 약 5° 기울어 있다. 이에 따라 달도 태양처럼 동쪽에서 뜨는 위치와 서쪽에서 지는 위치가 매일 달라지며 태양과의 상대적인 위치에 따라 관측 시간도 달라진다. 위상이 같더라도 달의 남중고도(南中高度, meridian altitude)의 변화가 태양의 남중고도 변화보다 심하다. 그리고 백도와 황도가 일치하지 않아서 매달 일식과 월식이 발생하지 않는다.

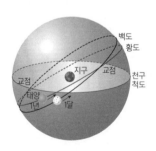

달은 황도와 백도의 한 교점에서 삭 또는 망이 된 후 6,585일 후에 같은 위치에서 다시 삭 또는 망이 된다. 1사로스 주기 동안 월식은 29회, 일식은 41회가 일어나는데, 그 중에서 부분일식은 14회, 금환일식은 17회, 개기일식은 10회가 된다. 이처럼 일정한 비율로 일식이 나타나는 것은 1사로스 주기 후에는 지구로부터 달의 거리가 원래대로 돌아감을 의미한다.

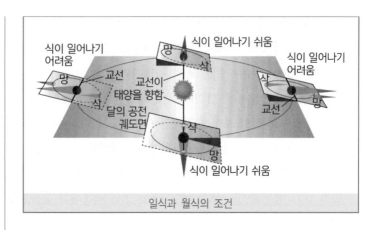

일식과 월식의 조건

※ 사로스(Saros) 주기

고대 그리스 사람들이 찾아낸 것으로, 일식이나 월식이 일어날 주기를 예측하는 데에 쓰이는 식이다. 일식의 종류는 주로 지구와 달 사이의 거리에 의해서 결정되고, 223삭망월마다 같은 일식이 반복해서 일어나는데, 그러한 주기가 사로스 주기다. 1사로스 주기는 18년 11일 8시간(6,585.5376일)으로, 18년과 10일 또는 11일마다 월식은 29회, 일식은 41회(부분일식 14회, 금환일식 17회, 개기일식 10회)가 일어난다.

유성

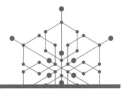

정의 유성(流星, meteor)은 유성체가 지구 대기에 들어올 때 공기
와의 마찰로 가열되어 빛을 내는 것이다.

해설 유성을 만드는 알갱이를 유성체라고 하며, 별똥별은 천문학
용어로 유성이다. 유성체(流星體, meteoroid)는 태양계 내
에서 임의의 궤도를 배회하고 있는 소행성보다 작은 고체 천체로,
작은 소행성(반지름 10km)의 크기로부터 행성 간 티끌(~1μm)에 이
르기까지 그 크기가 다양하다. 유성체가 지구 대기층에 들어올 때
공기 분자와의 마찰로 가열되면서 빛을 내게 되는데 이를 유성(流星,
meteor)이라고 한다. 일반적으로 고도 약 120km(지구 상층 대기)에
서 빛을 내기 시작하며, 그 속도는 11km/s~72km/s로 큰 폭을 갖는
다. 유성체는 크기가 작지만 운동에너지는 대단히 커서 대기 분자들
과 충돌하면서 금방 타버리며, 크기가 클수록 밝고 상대적으로 오래

보이고, 작은 크기면 약하게 잠깐 빛을 내기도 한다. 대부분의 유성체는 20~90km의 고도에 이르면 완전히 소멸된다. 유성체가 대기 속에 돌입하는 동안 공기와의 압축과 충격파의 발생에 따라 유성체 물질이 그 표면으로부터 증발되어 주위의 공기를 이온화시킨다. 그러므로 이온화된 공기분자나 수소, 질소, 산소, 마그네슘, 칼슘, 철들과 같은 원소의 스펙트럼선을 관측할 수 있다.

유성우(流星雨, meteoric shower)는 다수의 유성이 마치 비처럼 쏟아지는 듯 보이는 현상을 말한다. 유성우의 정체는 혜성이나 소행성들의 잔해로, 이 천체들이 타원궤도를 그리며 지구의 안쪽 궤도로 진입할 때 지나간 자리에는 천체들에서 유출된 많은 물질들이 남는다. 따라서 매년 주기적으로 지구가 태양을 공전하다가 혜성이나 소행성들이 지나간 자리를 통과하면 지구의 중력에 이끌려 대기권으로 떨어지고, 이것들이 유성우가 되어 우리에게 보이는 것이다. 유성체들이 대기와 충돌할 때 같은 방향의 유성들은 한 지점에서 방사되어 나오는

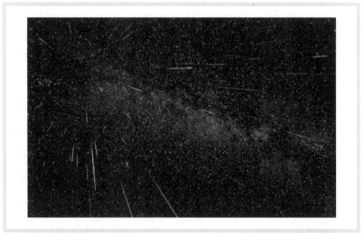
┃페르세우스 유성우

것처럼 보이는데, 이것을 복사점(輻射點, radiation spot)이라고 하며, 유성우의 이름은 이 복사점이 위치한 별자리의 이름을 따서 명명하는데, 페르세우스자리 유성우, 사자자리 유성우 등이 대표적이다. 대부분의 유성체는 작아서 고도 100km의 상공에서 모두 타서 재가 된다. 그러나 그보다 큰 유성체는 대기를 뚫고 지표면까지 떨어지기도 하는데 이것이 바로 운석(隕石, meteorite)이다.

유성이 저녁보다 새벽에 잘 보이는 이유

생.
각.
거.
리.

드라마 〈장영실〉에 보면 장영실이 유성우를 예측하는 장면이 나온다. 옛 선조들은 천문 현상을 인간의 삶과 연결시키고자 노력했고 특이한 월식, 일식, 유성 등과 같은 현상은 천문이변으로 흉조라 여겼다. 장영실은 평소 관측을 통해서 유성우가 천문이변이 아닌 예측 가능한 현상임을 알려주었다. 드라마에서 사형 집행을 유성우를 확인한 후에 하기 위해 오경(새벽 3~5시)으로 미루는 장면이 나온다. 왜 새벽이었을까? 저녁에 유성우를 보면 안 되는 것일까? 유성과 유성우는 관측자의 위치에 관계없이 저녁보다 새벽부터 잘 관측된다. 이는 지구의 공전 때문에 일어나는 현상으로 저녁 하늘의 유성체들은 지구 공전 속도(초속 30km)보다 빨리 지구를 쫓아와야 유성으로 떨어지지만, 새벽녘에는 지구가 지나가는 길에 머물러 있기만 해도 지구와 충돌하여 유성이 되기 때문이다.

자정 이전에는 지구의 공전 속도인 초속 30km보다 빠른 속도로 달려오는 유성체만이 지구로 떨어질 수 있다. 이때 떨어지는 유성은 수가 적고 속도도 느려 최대 초속 12km 정도다. 속도가 느리

다는 것은 공기와의 마찰이 약하고 그만큼 덜 연소한다는 것을 뜻한다. 하지만 자정이 지나면 관측자가 있는 지역이 지구의 자전으로 인하여 지구 공전 방향 앞쪽으로 오게 된다. 당연히 앞쪽은 유성체 속을 헤집고 나아가는 곳이므로 많은 수의 유성들이 지표면을 향해 돌진한다. 또한 속도도 매우 빨라 최대 초속 72km에 이르기도 한다. 그만큼 대기와의 마찰이 심하므로 상당히 밝게 보인다.

따라서 저녁보다는 자정을 지난 새벽에 유성체들이 많이 떨어지므로 유성 관측은 새벽 1시(또는 2시)부터 박명 전에 하는 것이 좋다.

일식

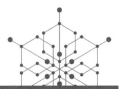

정의   일식(日蝕, solar eclipse)은 지구상에서 볼 때 태양이 달에 의해서 가려지는 현상이다.

해설   일식은 달이 태양의 전부 또는 일부를 가리는 천문 현상을 말한다. 지구 표면에서 볼 때의 태양과 달의 시직경(視直徑, apparent diameter, 각거리 또는 각지름, 태양과 달의 시직경은 약 0.5도)이 비슷하고, 지구가 태양 주위를 도는 궤도면(황도)과 달이 지구 주위를 도는 궤도면(백도)이 거의 일치하여 달이 지구 주위를 돌면서 태양의 앞쪽으로 지나 태양을 가리는 경우가 생기는데, 이때 를 일식이라고 한다.

일식은 달이 지구와 태양 사이의 일직선상에 올 때인 음력 1일경 한낮 에 일어난다. 이때 달의 그림자가 지구의 표면에 드리워지는데, 이 그 림자가 드리우는 지역에서 태양이 달에 가려지면서 일식이 관찰된다. 달의 그림자는 두 부분으로 나뉘는데 아주 어두운 중심 지역을 본그림자라고 하고, 주변의 덜 어두운 부분을 반그림자라고 한다. 달의 본그림자 영역의 지구상 지역에서는 태양 전체가 가려지는 개기일식을 볼 수 있고, 반그림자 영역에서는 부분일식을 볼 수 있다.

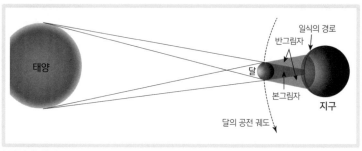

태양

일식의 경로
반그림자
달
본그림자
지구
달의 공전 궤도

| 일식의 원리

개기일식의 순간에 태양은 백색의 밝은 빛으로 둘러싸인 검은 원반으로 보인다. 검은 원반은 태양의 표면이 달에 의해 완벽하게 가려진 부분이고 주변부의 밝은 빛은 태양의 대기인 코로나가 드러난 것이다. 또한 낮임에도 불구하고 태양이 가려지면서 하늘이 매우 어두워지기 때문에 평소 밤에만 볼 수 있는 행성이나 별을 볼 수 있게 된다. 달은 지구 주위를 완전한 원이 아닌 아닌 타원궤도로 공전하고 있기 때문에 지구와 달 사이의 거리는 일정하지 않다. 만약 지구와 달까지의 거리가 멀어져서 달의 본그림자가 지구의 표면까지 미치지 못하는 경우가 발생한다면 달은 태양 표면인 광구 전체를 완전히 가리지 못한다. 이 경우 광구의 가장자리가 밝게 빛나 보이는 고리 또는 금반지(금환) 모양으로 보이는 금환일식이 나타난다.

일식은 자연 현상이지만 일부 고대나 근대 문화에서는 초자연적 원인으로 일어나거나 불길한 징조로 여기기도 했다. 천문에 대한 이해가 없는 사람들에는 대낮에 해가 사라지는 것처럼 보였기에 두려움의

존재였다. 역사 드라마에서
도 일식을 배경으로 불길함
과 두려움의 존재로 일식 현
상을 묘사하곤 한다.
일식 때 태양을 직접 바라보
는 것은 눈에 손상을 줄 수

| 개기일식과 코로나

있으므로, 일식 관측에는 태양 관측 필터나 특별한 보호 장비를 이용
하여 간접적으로 관측해야 눈을 보호할 수 있다.

개기일식 관찰이 어려운 이유

생.
각.
거.
리.

사실 개기일식은 1~2년에 한번 정도로 비교적 자주 일어나는데
지구상의 특정 지역에서 개기 일식이 일어나는 경우는 100년에
한 번 꼴로 매우 드물게 관찰된다.

달의 궤도는 지구가 태양을 도는(또는 지구에서 볼 때 태양이 지구
를 도는) 천구상의 궤도인 황도와 달이 지구를 도는 궤도인 백도는
5 이상 기울어져 있어서, 달이 드리우는 그림자는 종종 지구를 빗
겨간다. 또한 달은 타원의 궤도를 돌므로 지구에서 멀어졌을 때
달의 시직경이 태양을 전부 가리지 못할 정도로 작아질 수 있다.
이는 지구에 드리워지는 달의 본그림자의 크기가 지표면에 비해
매우 작아서 개기일식은 지표면의 매우 좁은 지역에서만 관찰할
수 있기 때문이다. 부분일식이 시작되어 일식이 완전히 끝날 때
까지 걸리는 시간은 1시간 정도지만 그 가운데 개기일식이 지속
되는 시간은 대략 2분 정도밖에 되지 않는다. 이처럼 개기 일식을
볼 수 있는 기회 자체가 매우 드물고 지속 시간마저 워낙 짧다
보니 개기일식은 살면서 매우 보기 드문 천문 현상으로 꼽힌다.

일주운동

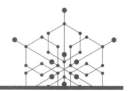

정의   일주운동(日周運動, diurnal motion)은 천체가 천구의 북극과 남극을 잇는 선을 축으로 하여 회전하는 운동으로, 지구의 자전에 의한 천체들의 하루 주기의 겉보기 운동이다.

해설   일주운동에 의해 항성은 천구의 북극과 남극으로 연장된 지구 자전축을 중심으로 천구상에 (적도상의 항성에 한하여) 소원(小圓) 또는 대원(大圓)을 그리며, 1항성일(23시 56분)의 주기로

| 3시간 간격으로 관측한 오리온자리의 위치

동에서 서로 회전한다. 천체의 일주운동은 천체가 실제로 지구 둘레를 도는 것이 아니라 지구가 하루에 한 번씩 서에서 동으로 자전하기 때문에 상대적으로 나타나는 현상이다.

천체가 천구상에서 일주운동을 하는 경로를 일주권이라 하는데 천체의 일주권은 천구의 적도면과 평행하다. 하지만 관찰자의 위도에 따라 일주권과 지평면이 이루는 각이 다르므로 위도별 천체의 일주운동이 다음 그림과 같이 다른 형태로 나타난다.

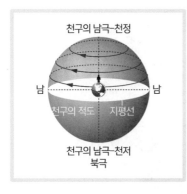

북반구 중위도 지역은 일주권이 지평면에 대해 기울어져 있어 대부분의 별들은 동쪽 지평선에서 떠서 남쪽 하늘을 수평으로 지나 서쪽 지평선으로 비스듬히 지는 운동을 한다. 이때 동쪽에서 떠서 서쪽으로 지는 별들을 출몰성(出沒星), 북극성

과 북쪽 지평선 사이에 있어 하루 종일 지지 않고 지평선 위에서

일주운동을 하는 별들을 주극성(週極星), 주극성과 반대로 지평선 아래에서 전혀 뜨지 않아 볼 수 없는 별들을 전몰성(全沒星)이라고 한다. 북극과 남극에서는 모든 별이 뜨고 지지 않고 항상 똑같은 높이에 떠서 천구상을 회전하지만 적도에서는 모든 별들의 일주권 이 지평면과 직각을 이루며 뜨고 진다.

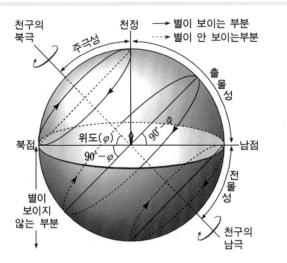

주극성, 출몰성, 전몰성이 되는 적위(δ)는 북반구 위도(φ)인 지역에서 다음과 같다.

주극성: $(90\degree - \phi) < \delta \leq 90\degree$
출몰성: $-(90\degree - \phi) \leq \delta \leq (90\degree - \phi)$
전몰성: $-90\degree \leq \delta < -(90\degree - \phi)$

예를 들어 북위 65° 지점에서 관측한 별의 적위가 +40° 이었다면 이 별은 주극성으로 지평선 아래로 지지 않은 별이다.

북반구 중위도에서 관측한 별의 일주운동 궤적은 그림과 반시계 방향으로 자전하는 지구에 의해 동에서 서(시계 방향)로 나타난다.

| 동쪽 하늘

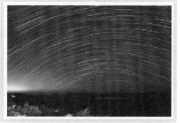

| 남쪽 하늘

하지만 북쪽 하늘의 별들의 일
주운동을 보면 반시계 방향이
다. 왜 이렇게 나타나는 것일까?
이것은 다음 그림에서 보듯 자
전에 의해 천체들이 같은 회전
을 보이지만 지구에 있는 관측

| 서쪽 하늘

자가 북쪽과 남쪽을 바라보는 시점의 차이로 반대로 나타난 것이다.

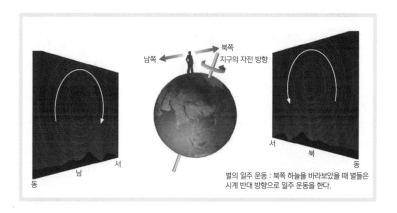

별의 일주 운동 : 북쪽 하늘을 바라보았을 때 별들은
시계 반대 방향으로 일주 운동을 한다.

지구 자전의 증거

천체의 일주운동, 밤낮의 변화 등도 자전으로 나타나는 현상이기는 하지만 다른 천체들이 지구 주변을 돈다고 해도 설명이 되므로 지구 자전의 증거가 되지는 않는다. 이때 푸코 진자의 진동면 회전, 전향력, 인공위성의 서편 현상 등은 지구가 자전하고 있다는 결정적 증거가 된다.

푸코 진자의 진동면 회전은 구형인 지구가 자전하면서 푸코 진자의 진동면 역시 위도에 따라 다른 주기로 회전하게 된다.

전향력(코리올리의 힘)은 지구가 자전하면서 생기는 가상의 힘이다. 인공위성의 서편 현상은 지구가 서에서 동으로 자전하면서 인공위성이 마치 서쪽으로 움직인 것처럼 보이는 현상이다.

자유 낙하 물체의 동편 현상은 중심에서의 거리에 따라 회전 속도가 다른데 높은 곳일수록 빠르다. 그러므로 높은 곳에서 물체를 자유 낙하시키면 목표 지점의 동쪽으로 떨어진다.

로켓을 동쪽으로 발사하는 것은 동쪽으로 발사하는 것이 속도를 얻기 쉽기 때문에 연료를 절약할 수 있다. 그 이유는 바로 지구가 자전하기 때문이다.

저기압

정의 저기압(低氣壓, cyclone)은 같은 높이에서 주위보다 상대적으로 낮은 기압을 말한다.

해설 저기압은 기압이 낮으므로 바람이 불어들어 오는데, 지구 자전에 의한 전향력의 영향으로 북반구 지상에서는 반시계 방향으로 돌며 불어들어 온다. 주위에서 불어들어 오는 공기는 위로 올라가므로 상승 기류가 생기며 상승 기류에 의해 단열 팽창 과정이 진행되어 기온 하강으로 인해 구름이 발생하거나 비가 내린다.
저기압은 크게 온대 저기압과 열대 저기압으로 구분한다. 온대 저기압은 중위도의 온대 지방에서 성질이 다른 두 기단 사이에 발생하여 한대 전선대를 따라 이동하며 발달, 소멸하는 저기압으로 에너지원은 기층의 위치에너지다. 온대 저기압 중심으로부터 남동쪽으로는 온난전선을, 남서쪽에는 한랭전선을 수반하여 중위도 편서풍대에서 서에서 동으로 이동한다.

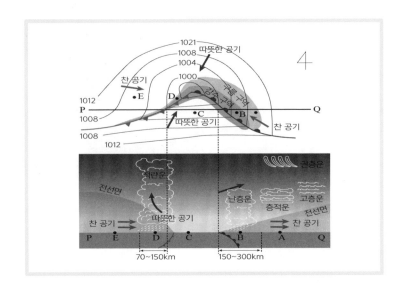

온대 저기압의 일생은 발생기(북쪽의 찬 공기와 남쪽의 따뜻한 공기
가 정체 전선을 형성), 발달기(찬 지역에서 동풍이, 따뜻한 지역에서
서풍이 불면서 저기압성 소용돌이가 발생), 절정기(남서쪽에 한랭전
선이, 남동쪽에 온난전선이 형성), 폐색기(편서풍에 의해 동진하는
동안 속도가 빠른 한랭전선이 온난전선과 겹침), 소멸기(찬 공기가
따뜻한 공기 아래쪽에 놓여 기층이 안정되면서 소멸) 과정이다.

온대 저기압 주변의 날씨는 온난전선 앞쪽에서 남동풍이 불고 넓은
지역에서 층운형 구름이 분포하고 지속적인 비가 내리며, 온난전선과
한랭전선 사이에서는 남서풍이 불고, 기온이 높고, 날씨가 비교적 맑
다. 한랭전선 뒤쪽은 북서풍이 불고, 좁은 지역에 소나기성 강우가
내리며, 통과 후 기온이 하강한다.

열대 저기압은 중위도 고압대와 적도 사이(5°~25°) 열대 해상에서 발
생하는 저기압으로 온대 저기압과는 달리 전선을 수반하지 않는 것
이 특징이며, 중심 풍속이 17m/s 이상이 되면 태풍이라 한다.

과학으로 푸는 날씨 속담(기상청)

• 가까운 산이 멀리 보이면 날씨가 좋고, 먼 산이 가까이 보이면 비가 온다.
맑은 날에는 지면의 열등으로 대류와 난류가 발생하고, 강한 햇빛
이 많은 먼지 등(대류 작용)에 반사, 산란되어 눈에 들어오는 빛
의 양이 많아 주위와의 대조가 나빠져서 먼 산 모양이 어렴풋이
보인다. 그러나 저기압 등이 접근하여 구름이 끼면 햇빛이 약해
지고 대기도 안정되므로 공중에 먼지 등이 적어져서 눈에 들어오
는 빛의 양이 적어지므로 먼 곳도 뚜렷이 잘 보인다. 즉, 저기압이
접근하여 구름이 끼기 시작한다는 증거가 된다.

• 아침 무지개는 비, 저녁 무지개는 맑을 징조
무지개는 공기 중의 빗방울에 햇빛이 굴절되어 나타나는 현상이
므로 항상 태양 반대쪽에 나타난다. 아침 무지개는 서쪽에 나타
나며, 동쪽은 맑고 서쪽은 비가 오고 있음을 말한다. 때문에 서쪽
의 비가 동진하여 비 올 가능성이 있다. 반면, 저녁 무지개는 동쪽
에 나타나며, 서쪽은 맑고 빗방울은 이미 동쪽으로 이동하였음을
뜻하므로 맑을 징조가 된다.

• 저녁놀은 맑고 아침놀은 비
노을은 공기 중에 떠 있는 공기분자, 수증기, 미세한 먼지에 햇빛
이 산란되어서 생기는 현상이다. 일출, 일몰 때는 광선의 대기
투과 거리가 길어지므로 청색 쪽은 약화되고, 파장이 긴 적색 광
선이 주로 산란되어 붉게 보인다. 저녁놀은 서쪽 하늘이 맑고 먼
지가 많음을 알 수 있고, 그 맑은 날씨가 동진할 것이므로 맑을
징조다. 반면, 아침놀은 동쪽 하늘이 맑으나 그것은 동쪽으로 사
라지고, 그 뒤를 이어 나쁜 날씨가 닥칠 가능성이 있다.

• 햇무리, 달무리가 나타나면 비

무리는 빙정으로 된 엷은 구름에서 햇빛이나 달빛이 굴절하여 생
기는 현상이다. 따라서 권층운이 하늘을 넓게 덮을 때 나타나며,
또한 권층운은 저기압의 전면에 나타나는 구름으로 저기압 접근
의 징조로 볼 수 있다. 그러나 이 권층운은 저기압 중심으로부터
상당히 먼 곳에 나타나므로 저기압 중심이 점차 쇠약해지고 있거
나, 진행 방향이 바뀌어 저기압 중심 부근이 그 지방을 통과하지
않게 되면 비가 내리지도 않고 날씨가 별로 나빠지지 않는 수도
있다. 또 저기압 중심까지는 상당한 거리가 있으므로 비가 오기
까지는 상당한 시간적 여유도 있다.

• 새털구름은 비 올 징조

권운은 저기압 전면에 나타나는 구름으로 저기압 접근을 뜻한다.
그러나 권운은 저기압 중심권에서 멀리 떨어진 전방에 나타나므
로 저기압 중심의 진로에 따라 강수 구역에 포함되지 않는 수도
있고 포함되더라도 하루 정도의 여유는 있다.

• 양떼구름은 비를 몰고 온다.

양떼구름은 4~6km의 높이에 떠 있는 중층운에 속하는 고적운이
다. 고적운은 저기압 전면에 나타나는 구름으로 저기압 접근을
뜻한다. 또한 이런 구름이 나타나는 대기 중에는 불연속선이 있
음을 뜻하므로 날씨가 기울어질 징조라고 볼 수 있다. 그러나 양
떼구름이나 파상운이 나타났다고 해서 반드시 비가 오는 것은 아
니며, 비 올 확률은 50% 정도에 불과하다.

• 동풍은 비, 서풍은 맑음

동풍이 불면 저기압이 남서쪽에 있음을 시사한다. 즉, 저기압 접

근 징조이기 때문에 날씨가 나쁘고, 서풍이 분다는 것은 저기압 통과 후 고기압이 서쪽에 있다는 것으로, 고기압 접근 징조이기 때문에 날씨가 맑다.

• 가루눈이 내리면 추워진다.

눈은 내릴 때 기층의 기온 분포에 따라 습성인 함박눈과 건성인 가루눈으로 크게 나뉜다. 온도가 비교적 높은 온대지방 그리고 상층의 온도가 과히 낮지 않은 곳에서는 습기가 많은 함박눈이 내리고, 기온이 낮은 한대지방 또는 상층으로부터 지표면 부근까지의 기온이 심히 낮은 곳에서는 결정이 서로 부딪혀도 달라붙지 않고 그대로 내리기 때문에 가루눈이 내린다. 따라서 떡가루와 같은 고운 눈이 내리면 상층으로부터 한기가 가라앉기 때문에 추워질 징조라고 할 수 있다.

• 화장실 냄새나 하수구 등의 냄새가 심해지면 비 올 징조

저기압 등이 접근하여 기압이 하강하고 습기가 많아지면 공기 밀도가 작아질 뿐만 아니라 암모니아 등 휘발성 물질의 발생량이 많아지고, 구름으로 인해 대류 작용도 약해지므로, 냄새 등이 상층으로 발산되지 않고 지면 근처에 정체하므로 냄새가 평소보다 심해진다. 즉, 저기압 접근으로 날씨가 나빠진 현상이므로 비가 온다고 볼 수 있다.

• 연못이나 저수지에 거품이 많으면 비가 온다.

잔잔하던 저수지나 연못에 거품이 많이 나타나는 경우가 있다. 저기압이 접근하면 남풍 계열의 바람이 부는데, 이런 바람이 불면 기온이 올라간다. 따라서 수온도 올라가기 마련인데, 수온이 올라가면 연못이나 저수지에 침전되어 있던 유기물이 발효해서 가

스를 내뿜어 거품이 일어난다. 여기에서 연못이나 저수지에 거품이 많이 일면 비가 온다는 말이 나온 것이다.

• 종소리가 뚜렷하게 들리면 비

날씨가 좋은 날은 대류 작용도 심하고 상·하층 간에 온도차도 크므로 소리가 공중으로 소산되기 쉽다. 그러나 날씨가 궂어져서 구름이 끼면 대류 작용도 없어지고 구름으로 인해 상·하층 간 대기의 온도차도 작아서 기온이 비교적 균일하고 습도도 높으므로 소리 분산이 일어나지 않으므로 멀리까지 잘 들린다. 그러므로 소리가 똑똑히 잘 들리면 날씨가 궂어지기 시작했음을 알리는 것으로, 곧 비가 온다고 할 수 있다.

• 잠자리가 낮게 날면 비가 온다.

날벌레들은 기압 변화에 민감하므로 고추잠자리가 낮게 난다는 것은 저기압이 접근했다는 것이므로 비가 오게 된다는 뜻이다.

• 제비가 지면 가까이 날면 비 올 징조

제비의 먹이인 모기 등의 곤충이 저기압 접근 등으로 습기가 많아지면 피할 장소를 찾아 지면 가까이 날아다닌다.

• 물고기가 물위에 입을 내놓고 호흡하면 비 올 징조

저기압 접근으로 기압이 하강하면 수중의 산소가 증발하기 쉬워져서 산소가 결핍되어 호흡곤란으로 수면 위로 떠올라 호흡하는 것으로 생각된다.

지구 복사평형

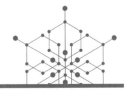

정의 지구 복사평형((輻射平衡, radiative equilibrium)은 지구에 입사된 에너지를 모두 방출하여 평형을 이루는 상태다.

해설 지구는 태양으로부터 에너지를 공급받으며, 태양에서 나오는 빛은 지구에 에너지를 공급해서 지구의 온도를 올린다. 지구는 태양 복사에너지를 계속 흡수하고 있지만 온도는 계속 올라가지 않는다. 이것은 지구 역시 에너지를 방출하여 스스로 온도를 낮추고 있기 때문이다. 태양에서 받는 에너지량과 지구가 방출하는 에너지량이 같기 때문에 지구는 복사평형 상태를 이루게 되어 지구의 연평균 기온은 대체로 일정한 수준을 유지하고 있다.

다음 그림에서와 같이 복사평형 상태에서는 열 출입의 합이 0이 되므로 온도 변화가 나타나지 않아 지구의 평균기온은 일정하게 나타난다.

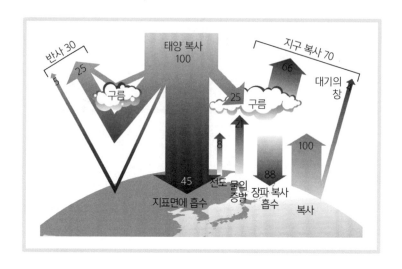

반사 30

태양 복사
100

지구 복사 70

25

구름

25 구름

66

대기의 창

21

8

100

45

지표면에 흡수

전도

물의 증발

장파 복사 흡수

88

복사

지구에 입사되는 태양 복사에너지를 100%라고 할 때, 이중 30%는 지표면과 대기에 의해 반사되어 우주공간으로 되돌아가고, 나머지 70%만이 지구에 흡수된다(대기권 25%, 지표면 45%). 지표면과 대기는 지구 복사에너지를 방출하는데 방출된 복사에너지는 다시 대기와 지표면에 흡수되고, 그중 일부만이 지구를 빠져 나간다. 우주공간으로 빠져 나가는 지구 복사에너지의 양은 지표면에서 4%, 대기에서 66%로 모두 70%인데, 이는 지구에 흡수되는 태양 복사에너지의 양과 같아 지구는 복사평형을 이룬다.

온실효과와 온실기체

대기 중 수증기, 이산화탄소 등의 온실기체가 온실의 유리와 같이 단파인 태양 복사에너지는 투과시키고 장파인 지구 복사에너지는 흡수함으로써 지구의 평균기온을 높이는 효과다. 지표면에서 방출된 지구 복사에너지는 바로 우주로 빠져나가지 않고, 대부분이 대기 중의 수증기와 이산화탄소 등에 의해 흡수된다. 이렇게 대기에 흡수된 지구 복사에너지는 대기의 온도를 높인 다음, 상당 부분이 지표면으로 재복사되어 지표면의 온도를 높이는 데 쓰이고, 나머지는 우주로 방출된다. 이처럼 지표면과 지구 대기 사이에서 지구 복사에너지의 방출과 재흡수가 반복되며 지표면의 온도가 높아지는 현상을 온실효과라 부른다. 지구에 대기가 없다고 가정할 경우 평균온도는 약 255K이고 대기가 있는 지구의 평균 온도는 288K이다. 즉, 지구는 온실효과에 의하여 평균 15℃의 기온을 유지할 수 있는 것이다.

온실효과를 일으키는 기체를 온실기체라고 하며, 수증기와 이산화탄소, 메탄, 염화플루오르화 탄소 등이 있다. 그중 이산화탄소(CO_2)는 주로 화석연료의 사용으로 발생하는데, 겨울에는 화석연료의 사용량이 많아지므로 이산화탄소의 발생량도 겨울에 증가하고 여름에는 감소한다. 메탄(CH_4)은 천연가스 사용, 농작물 경작, 가축의 배설물 등의 폐기물에서 발생하며, 일산화질소(N_2O)는 자동차의 배기가스에서 주로 발생한다.

지진

정의
지진(地震, earthquake)은 지구 내부에서 축적된 탄성에너지 방출에 의해 생성되는 지구의 진동이다.

해설
자연 생태에서 지진은 대규모 단층 작용이나 화산 활동, 지하 동굴의 함몰 등으로 발생하며, 지진이 발생한 지점을 진원(震源)이라 하고, 지표상의 지점을 진앙(震央)이라 한다. 또한 진원의 깊이가 100km 이하일 때는 천발지진(淺發地震), 100km 이상일 때를 심발지진(深發地震)이라 한다. 지진대는 지각이 불안정하여 지진이 자주 발생하는 지역으로 띠 모양의 분포를 보인다. 태평양 주변을

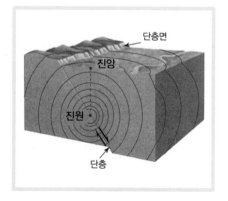

따라 나타나는 지진대를 환태평양 지진대라고 하며 해양판이 대륙판 아래로 침강하는 해구 주변에서 지진이 주로 발생한다. 전 세계에서 발생하는 대부분의 지진이 이곳에 발생한다. 이곳에서는 천발지진과 심발지진이 모두 발생하며, 대륙 쪽으로 갈수록 진원의 깊이가 깊어 진다. 인도네시아에서 히말라야를 거쳐 지중해에 이르는 지역에서 나타나는 지진대를 알프스-히말라야 지진대라고 하며 이곳에서는 주로 대륙과 대륙이 충돌하면서 지진이 발생하는 지역이다. 마지막 으로 해저에 분포하는 해령을 따라 나타나는 지진대를 해령지진대라 고 하며, 해령 중심의 열곡과 변환 단층을 따라 지진이 발생하며 주로 천발지진이 나타난다.

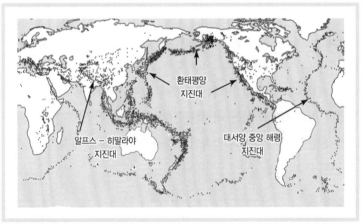

| 주요 지진대

지구 내부에서 지진이 발생할 때 그 점을 중심으로 방출된 탄성에너 지가 파동의 형태로 전달되어가는 것을 지진파라 한다. 지진파는 전 달되는 매질의 종류나 상태에 따라 전파 속도가 달라진다.
실체파는 지구 내부로 전파되는 지진파로 P파와 S파가 있다. P파는

지진파 중에서 전파 속도가 가장 빨라 지진관측소에 맨 처음 도착하는 파로 매질의 진동 방향과 파의 진행 방향이 같은 종파이며, 고체·액체·기체를 모두 통과한다. S파는 두 번째로 도착하는 파로 매질의 진동 방향과 파의 진행 방향이 수직인 횡파이며, 고체만 통과한다.

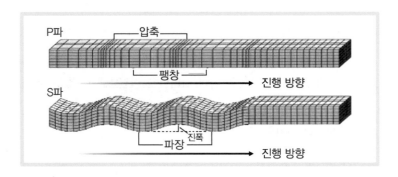

표면파는 매질의 경계면인 지표면을 따라 이동하는 지진파로 L파와 R파가 있다. L파(러브파)는 진행 방향에 수평으로 표면을 따라 진동하기 때문에 파괴력이 크다는 특징이 있으며, 진폭이 크며 속도가 느리다. R파(레일리파)는 지진파 중 가장 파괴력이 강력하며 그림과 같이 진행 방향에 대하여 역회전 원운동을 하기 때문에 현대식 고층 건물에 큰 피해를 주는 지진파다.

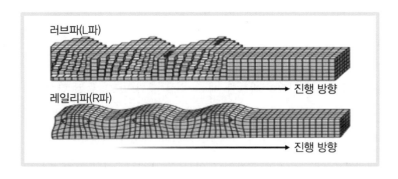

지진의 크기를 나타내는 척도로는 규모와 진도가 사용된다. 규모는 진원에서 방출된 지진 에너지의 총량을 나타내며, 지진계에 기록된 지진파의 진폭을 이용하여 계산한 절대적인 척도다. 지질학자 리히터의 이름을 따서 리히터 스케일이라고 하며, 아라비아 숫자로 표기한다. 규모 1.0은 50톤의 TNT 폭탄의 힘에 해당하며, 규모 1이 증가할 때마다 30배씩 에너지가 증가한다.

반면에 진도는 어느 한 지점에서의 인체 감각, 구조물에 미친 피해 정도로 지진동의 세기를 계급화하여 표시한 것으로, 관측자의 위치에 따라 달라지는 상대적인 척도다.

수정 메르칼리 진도 계급은 1902년 이탈리아 지진학자 메르칼리 (Giuseppe Mercalli)가 만든 것을 사용하다가 1931년 미국의 해리

진도	특 징
I	미세한 진동. 특수한 조건에서 극히 소수 느낌.
II	실내에서 극히 소수 느낌.
III	실내에서 소수 느낌. 매달린 물체가 약하게 움직임.
IV	실내에서 다수 느낌. 실외에서는 감지하지 못함.
V	건물 전체가 흔들림. 물체의 파손, 뒤집힘, 추락. 가벼운 물체의 위치 이동.
VI	똑바로 걷기 어려움. 약한 건물의 회벽이 떨어지거나 금이 감. 무거운 물체의 이동 또는 뒤집힘.
VII	서 있기 곤란. 운전 중에도 지진을 느낌. 회벽이 무너지고 느슨한 적재물과 담장이 무너짐.
VIII	차량 운전 곤란. 일부 건물 붕괴. 사면이나 지표의 균열. 탑 · 굴뚝 붕괴.
IX	견고한 건물의 피해가 심하거나 붕괴. 지표의 균열이 발생하고 지하 파이프 관 파손.
X	대다수 견고한 건물과 구조물 파괴. 지표 균열, 대규모 사태, 아스팔트 균열.
XI	철로가 심하게 휨. 구조물 거의 파괴. 지하 파이프 관 작동 불가능.
XII	천재지변. 모든 것이 완전히 파괴됨. 지면이 파도 형태로 움직임. 물체가 공중으로 튀어 오름. 큰 바위가 굴러 떨어짐. 강의 경로가 바뀜.

지진

우드(Harry Wood)와 프랭크 노이만(Frank Neumann)이 보완했다. 진도를 12개 등급으로 구성했는데 지진 피해 규모에 근거를 둔 수치다. 일반적으로 진도는 로마숫자의 정수로 표시한다.

앞의 표는 우리나라에서 사용하는 수정 메르칼리 진도 계급이다. 규모가 큰 지진이라도 아주 멀리서 발생하면 지진 에너지가 전파되면서 감쇠하기 때문에 지진동이 약해지며, 반대로 작은 규모의 지진이라도 아주 가까운 거리에서 발생하면 지진 에너지의 감쇠가 적어 지진동이 강하게 기록된다. 진도는 지진의 규모와 진앙거리, 진원 깊이에 따라 크게 좌우될 뿐만 아니라 그 지역의 지질 구조와 구조물의 형태에 따라 달라질 수 있다. 따라서 규모와 진도는 일대일 대응이 성립하지 않으며, 하나의 지진에 대해 여러 지역에서의 규모는 동일하지만 진도는 달라질 수 있다.

지진 발생 시 대피 요령(국민안전처)

생.
각.
거.
리.

지진 발생 순간에는 적절한 판단이 어려우므로, 평소에 행동요령을 숙지하여 대응해야 하며 지진 발생 시 상황별 행동요령은 다음과 같다.

❶ 지진으로 흔들릴 때는 지진으로 흔들리는 동안은 탁자 아래로 들어가 몸을 보호하고, 탁자 다리를 꼭 잡는다.
❷ 흔들림이 멈추면 전기와 가스를 차단하고, 문을 열어 출구를 확보한다.
❸ 건물 밖으로 나갈 때는 계단을 이용하여 신속하게 이동한다. 엘리베이터 사용은 금물이다.

❹ 건물 밖에서는 가방이나 손으로 머리를 보호하며, 건물과 거리를 두고 주위를 살피며 대피한다.

❺ 대피 장소를 찾을 때는 떨어지는 물건에 유의하며 신속하게 운동장이나 공원 등 넓은 공간으로 대피한다. 차량 이용은 금물이다.

❻ 대피 장소에 도착한 후에는 라디오나 공공기관의 안내 방송 등 올바른 정보에 따라 행동한다.

지진

태양의 남중고도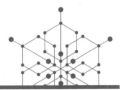

정의 태양의 남중고도(南中高度, meridian altitude)는 태양이 천구상에서 남쪽 자오선에 위치한 순간의 고도를 말하며, 태양의 고도는 하루 중 남중할 때 가장 높다.

해설 모든 천체는 지구 자전에 의해 매일 남쪽 자오선을 통과하는데, 천체가 남쪽 자오선에 위치할 때 남중이라고 하고 이때 천체의 고도를 남중고도라고 한다. 태양의 하루 동안의 고도 변화

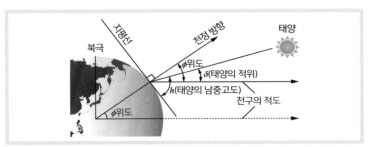

| 태양의 남중고도

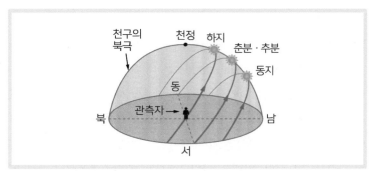

천구의 북극 / 천정 / 하지 / 춘분 · 추분 / 동지 / 동 / 관측자 / 북 / 남 / 서

| 계절에 따른 일주권의 변화

는 일출 후 남중하기 전까지 증가하다가 남중 이후 일몰까지는 감소한다. 태양의 남중고도는 그 지방의 위도 및 계절과 관련이 있다. 태양의 남중고도를 h, 적위를 δ, 관측지의 위도를 φ라고 하면, h=90°$-(\varphi-\delta)$이다.

적위가 변하지 않는 별과 달리 태양의 경우엔 지구의 자전축이 공전축에 대해 23.5° 기울어져 있는 상태로 공전하기 때문에 태양의 적위값은 매일 달라진다. 따라서 태양의 적위 변화에 의해 태양의 남중고도가 변하게 되는데, 예를 들어 현재 살고 있는 지점의 위도가 37.5°N라면 춘분, 하지, 추분, 동지에 태양 남중고도는 다음과 같다.

구 분	춘분점 (적위: 0°)	하지점 (적위: +23.5°)	추분점 (적위: 0°)	동지점 (적위: −23.5°)
태양의 남중고도	52.5°	76°	52.5°	29°

북반구 중위도 지방에서 태양의 남중고도는 태양의 적위가 +23.5°인 하지에 가장 높고 태양의 적위가 -23.5°인 동지에 가장 낮다. 춘분이

태양의 남중고도

나 추분에는 태양의 적위가 0°이므로 하지와 동지의 남중고도 중간이며 이날은 태양이 정동에서 떠서 정서로 지고 낮과 밤의 길이가 같아진다. 남중고도는 익숙한데 비해 북중고도는 상대적으로 익숙하지 않을 듯 하다. 자오선고도(meridian altitude)는 태양이 정중할 때의 고도로, 남중고도와 북중고도가 있다. 태양이 남중할 때의 고도를 남중고도라고 하고, 북중할 때의 고도를 북중고도라고 한다. 북반구에서는 태양이 동쪽에서 떠서 남쪽을 지나 서쪽으로 지므로, 태양의 최고 고도는 남중고도가 된다. 반대로, 남반구에서는 태양이 동쪽에서 떠서 북쪽을 지나 서쪽으로 지므로, 태양의 최고 고도는 북중고도가 된다.

전통 가옥의 처마와 남중고도

생.
각.
거.
리.

처마는 직사광선을 막아주고, 처마 밑의 공간은 공기의 대류 형성으로 추위와 더위를 완화시켜주는 역할을 한다.

겨울철엔 고도가 낮은 태양에 의해 햇빛이 방안 깊숙이 들어와 집안이 따뜻해진다. 따뜻한 공기가 위로 올라가다가도 처마에 걸려 머물게 된다.

한반도는 북반구 중위도 지역에 위치했기 때문에 여름은 상당히 덥고 겨울은 매섭게 춥다. 결국 겨울의 따뜻한 햇살은 잘 받아들여야 하고, 여름철의 뜨거운 햇볕은 막아주어야 좋은 집이 된다. 오랜 세월 이 땅에서 살아온 우리 조상은 이런 자연환경에 최적화된 집으로 처마를 생각해 냈다. 처마는 깊이가 어느 정도인가에 따라 그 역할이 달라질 수 있는바, 한반도 중부의 경우 넉 자 (약 120㎝) 정도가 알맞은 것으로 알려져 있다.

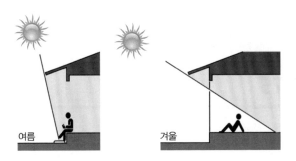

여름　　　　　　　겨울

이것은 태양의 남중고도와 연관이 있다. 즉, 하지(夏至) 때의 태양은 거의 머리 위로 올라오지만, 동지(冬至) 때에는 아주 낮아 방안 깊숙이 햇빛이 들어올 정도다. 이 햇빛을 막아주기도 하고 받아들이기도 하는 적당한 처마의 깊이를 경험을 통해 찾아낸 것이 한옥의 특성이다.

처마의 역할은 여기에서 끝나는 것이 아니다. 뜨거운 태양에 달구어진 마당 가운데의 기온과 처마 아래의 기온에는 상당한 온도 차이가 생긴다. 온도에 차이가 생기면 자연스럽게 일어나는 현상이 바로 대류 현상이다. 결국 공기의 이동이 생기면서 바람이 부는 것으로 느껴진다. 제대로 지은 한옥이 시원한 이유가 여기에도 있다.

그런가 하면 처마는 경사가 져 있어 겨울철 양지바른 처마 밑에서 따뜻해진 공기가 위로 올라가 없어지지 않고 일단 처마에 막히면서 한번 제자리걸음을 하게 되니, 양지바른 처마 밑이 따뜻할 수밖에 없다. 또한 댓돌에 떨어지는 비를 막아주어서 기둥뿌리를 보호해주기도 한다.

태풍

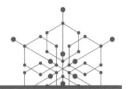

정의 위도 5~25°, 수온이 27℃ 이상인 열대 해상에서 발생한 열대 저기압으로 최대 풍속이 17 m/s 이상에 이르면 태풍(颱風, Typhoon)이라고 부른다.

해설 태양으로부터 오는 열은 지구의 날씨를 변화시키는 주된 원인이다. 지구는 자전하면서 태양의 주위를 돌기 때문에 낮과 밤, 계절의 변화가 생기며 이로 인해 지구가 태양으로부터 받는 열량의 차이가 발생한다. 또한 대류와 바다, 적도와 극지방과 같이 지역 조건에 따른 열적 불균형이 일어난다. 이러한 불균형을 해소하기 위하여 태풍이 발생하고, 비나 눈이 내리고, 바람이 불고, 기온이 오르내리는 등 날씨의 변화가 생긴다. 적도 부근이 극지방보다 태양열을 더 많이 받기 때문에 생기는 열적 불균형을 없애기 위해, 저위도 지방의 따뜻한 공기가 바다로부터 수증기를 공급받으면서 강한 바람과 많은 비를 동반하며 고위도로 이동하는 기상 현상을 태풍이라 한다.

열대 저기압인 태풍은 강한 비바람을 동반하고 움직이는 것을 말한다. 지역에 따라 다른 이름으로 불리는데 북서태평양에서는 태풍(Typhoon), 북중미에서는 허리케인(Hurricane), 인도양에서는 사이클론(Cyclone), 오스트레일리아에서는 윌리윌리(Willy Willy)라고 부른다.

태풍의 중심에는 상승 기류로 줄어든 공기를 보충하기 위해 미약한 하강 기류가 존재하므로 구름이 없고 비교적 맑은 날씨가 나타나는 태풍의 눈이 형성된다. 태풍은 발생 초기에는 무역풍의 영향으로 북서진하다가, 위도 30° 부근에서는 편서풍의 영향으로 북동진한다. 이때 태풍은 포물선을 그리며 북상하는데, 태풍 진행 방향의 우측은 태풍을 진행시키는 무역풍과 편서풍의 풍향이 반시계 방향으로 회전하는 태풍 자체의 풍향과 일치하므로 바람이 강하고 파도가 높아진다. 반대로 태풍 진행 방향의 왼쪽은 태풍을 진행시키는 무역풍과 편서풍의 풍향이 태풍 자체의 풍향과 반대가 되어 바람이 상쇄되므로 풍속이 상대적으로 약해진다. 따라서 태풍의 진행 방향을 기준으로 하여 오른쪽 반원은 위험반원, 왼쪽 반원은 안전반원(또는 가항반원)이라 한다.

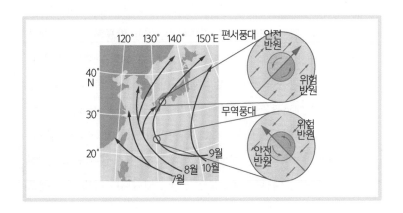

태풍의 어원과 태풍 이름 정하는 방법(기상청)

'태풍'은 1904년부터 1954년까지의 기상관측 자료가 정리된 『기상연보(氣像年報) 50년』에 처음으로 등장했다. 태풍의 '태(颱)'가 중국에서 처음 사용된 예는 1634년에 편찬된 『복건통지(福建通志)』 권56 「토풍지(土風志)」다. 중국에서는 옛날에 태풍과 같이 바람이 강하고 회전하는 풍계(風系)를 '구풍(具風)'이라고 했으며, 이 '구(具)'는 "사방의 바람을 빙빙 돌리면서 불어온다"는 뜻이다. 그렇다면 현재 사용되고 있는 영단어 'Typhoon'은 어디서 비롯했을까? 그리스 신화의 티폰(Typhon)에서 그 유래를 찾을 수 있다. 대지의 여신인 가이아(Gaia)와 거인 족 타르타루스(Tartarus) 사이에서 태어난 티폰은 100마리의 뱀의 머리와 강력한 손과 발을 가진 용이었으나 아주 사악하고 파괴적이어서 제우스(Zeus) 신의 공격을 받아 불길을 뿜어내는 능력은 빼앗기고 폭풍우를 일으키는 능력만 남게 되었다. 이런 티폰을 파괴적인 폭풍우와 연관시킴으로써 'taifung'을 끌어들여 'typhoon'이라는 영어 표현을 만들어냈다. 'typhoon'은 1588년에 영국에서 사용한 예가 있으며, 프랑스에서는 1504년 'typhon'이라고 했다.

태풍은 일주일 이상 지속될 수 있으므로 동시에 같은 지역에 하나 이상의 태풍이 있을 수 있기 때문에 이때 발표되는 태풍 예보를 혼동하지 않도록 하기 위해 태풍에 이름을 붙이게 되었다. 호주의 예보관들이 처음으로 태풍에 이름을 붙이기 시작했다. 당시 호주의 예보관들은 자신이 싫어하는 정치가의 이름을 태풍에 붙였는데, 예를 들어 싫어하는 정치가의 이름이 앤더슨이라면 "현재 앤더슨이 태평양 해상에서 헤매고 있는 중입니다" 또는 "앤더슨이 엄청난 재난을 일으킬 가능성이 있습니다"라고 태풍 예보를 했다.

제2차 세계대전 이후, 미 공군과 해군에서 공식으로 태풍 이름을 붙이기 시작했는데, 이때 예보관들은 자신의 아내나 애인의 이름을 사용했다. 이러한 전통에 따라 1978년까지는 태풍 이름이 여성이었다가 이후부터는 남자와 여자 이름을 번갈아 사용했다. 북서태평양에서의 태풍 이름은 1999년까지 괌에 위치한 미국 태풍합동경보센터에서 정한 이름을 사용했다. 그러나 2000년부터는 태풍위원회에서 아시아-태평양지역 주민의 태풍에 대한 관심을 높이고 태풍 경계를 강화하기 위해서 태풍 이름을 서양식에서 태풍위원회 회원국의 고유한 이름으로 변경하여 사용하고 있다. 태풍 이름은 각 국가별로 10개씩 제출한 총 140개가 각 조 28개씩 5개조로 구성되고, 1조부터 5조까지 순차적으로 사용한다. 140개를 모두 사용하고 나면 1번부터 다시 사용하기로 정했다. 태풍이 보통 연간 약 30여 개쯤 발생하므로 전체의 이름을 다 사용하려면 4~5년이 걸린다.

남한에서는 개미, 나리, 장미, 미리내, 노루, 제비, 너구리, 고니, 메기, 독수리를 태풍 이름을 제출했고, 북한에서도 기러기 등 10개의 이름을 제출했으므로 한글 이름의 태풍이 많아졌다.

2015년 개정된 태풍 이름은 다음과 같다.

국가명	1조	2조	3조	4조	5조
캄보디아	담레이	콩레이	나크리	크로반	사리카
	Damrey	Kong-rey	Nakri	Krovanh	Sarika
중국	하이쿠이	위투	펑선	두쥐안	하이마
	Haikui	Yutu	Fengshen	Dujuan	Haima
북한	기러기	도라지	갈매기	무지개	메아리
	Kirogi	Toraji	Kalmaegi	Mujigae	Meari

홍콩	카이탁	마니	풍웡	초이완	망온
	Kai-tak	Man-yi	Fung-wong	Choi-wan	Ma-on
일본	덴빈	우사기	간무리	곳푸	도카게
	Tembin	Usagi	Kammuri	Koppu	Tokage
라오스	볼라벤	파북	판폰	참피	녹텐
	Bolaven	Pabuk	Phanfone	Champi	Nock-ten
마카오	산바	우딥	봉퐁	인파	무이파
	Sanba	Wutip	Vongfong	In-fa	Muifa
말레이시아	즐라왓	스팟	누리	멜로르	므르복
	Jelawat	Sepat	Nuri	Melor	Merbok
미크로네시아	에위니아	문	실라코	네파탁	난마돌
	Ewiniar	Mun	Sinlaku	Nepartak	Nanmadol
필리핀	말릭시	다나스	하구핏	루핏	탈라스
	Maliksi	Danas	Hagupit	Lupit	Talas
남한	개미	나리	장미	미리내	노루
	Gaemi	Nari	Jangmi	Mirinae	Noru
태국	쁘라삐룬	위파	메칼라	니다	꿀랍
	Prapiroon	Wipha	Mekkhala	Nida	Kulap
미국	마리아	프란시스코	히고스	오마이스	로키
	Maria	Francisco	Higos	Omais	Roke
베트남	손띤	레끼마	바비	꼰선	선까
	Son-Tinh	Lekima	Bavi	Conson	Sonca
캄보디아	암필	크로사	마이삭	찬투	네삿
	Ampil	Krosa	Maysak	Chanthu	Nesat
중국	우쿵	바이루	하이선	뎬무	하이탕
	Wukong	Bailu	Haishen	Dianmu	Haitang
북한	종다리	버들	노을	민들레	날개
	Jongdari	Podul	Noul	Mindulle	Nalgae
홍콩	산산	링링	돌핀	라이언록	바냔
	Shanshan	Lingling	Dolphin	Lionrock	Banyan
일본	야기	가지키	구지라	곤파스	하토
	Yagi	Kajiki	Kujira	Kompasu	Hato
라오스	리피	파사이	찬홈	남테운	파카르
	Leepi	Faxai	Chan-hom	Namtheun	Pakhar
마카오	버빙카	페이파	린파	말로	상우
	Bebinca	Peipah	Linfa	Malou	Sanvu

말레이시아	룸비아	타파	낭카	므란티	마와르
	Rumbia	Tapah	Nangka	Meranti	Mawar
미크로네시아	솔릭	미탁	사우델로르	라이	구촐
	Soulik	Mitag	Soudelor	Rai	Guchol
필리핀	시마론	하기비스	몰라베	말라카스	탈림
	Cimaron	Hagibis	Molave	Malakas	Talim
남한	제비	너구리	고니	메기	독수리
	Jebi	Neoguri	Goni	Megi	Doksuri
태국	망쿳	람마순	앗사니	차바	카눈
	Mangkhut	Rammasun	Atsani	Chaba	Khanun
미국	바리자트	마트모	아타우	에어리	란
	Barijat	Matmo	Etau	Aere	Lan
베트남	짜미	할롱	밤꼬	송다	사올라
	Trami	Halong	Vamco	Songda	Saola

퇴적암

정의 퇴적암(堆積巖, sedimentary rock)은 퇴적물이 쌓여서 굳어진 암석이다.

해설 지표에 노출된 암석의 풍화 물질이나 생물의 유해가 중력에 의해 낮은 곳에 쌓여 생성된 퇴적물이 오랜 기간에 걸쳐 고화된 암석을 뜻한다. 화성 활동(火成活動)으로 처음 생성된 지구에는 퇴적암이 존재하지 않았을 것으로 생각되지만, 긴 세월에 걸쳐 지각이 풍화를 받아 지금은 지표면의 약 75%가 퇴적암으로 덮여 있다. 퇴적암은 화성암이나 변성암과 달리 생성 당시의 생물이 화석으로 보존되어 있고, 퇴적 당시 기후와 주변 환경에 대한 추측이 가능하여 지질 시대의 환경과 지구의 역사를 해석하는 데 중요한 자료가 된다. 퇴적물의 종류는 쇄설성 퇴적물, 화학적 퇴적물, 유기적 퇴적물이 있다. 쇄설성 퇴적물은 지표상에서 암석의 풍화, 침식이나 화산 폭발로 생긴 암석조각이나 진흙 등이 쌓인 것이고, 화학적 퇴적물은 풍화로 물에 녹아 있던 성분이 침전된 것이고, 유기적 퇴적물은 생물체의 유해가 쌓인 것이다.

퇴적암의 형성 과정은 퇴적물이 쌓인 후 오랜 세월에 걸쳐 굳고 단단한 퇴적암으로 되는 일련의 과정을 속성 작용이라 하며, 다지는 작용과 교결 작용이 있다.

다지는 작용은 퇴적물이 두껍게 쌓이면 아랫부분 퇴적물은 윗부분의 퇴적물 무게에 의해 눌리면서 퇴적물 입자 사이의 간격이 줄어들고, 그 사이에 있던 물이 빠져나가면서 치밀해지는 작용으로 압축 작용이라고도 한다.

교결 작용은 지하수에 있던 석회질, 규질, 철질 물질들이 침전되면서 퇴적 입자 사이의 간격을 메워주고 입자들을 서로 붙여주는 작용을 말한다.

퇴적암의 종류는 일반적으로 퇴적물의 기원과 종류에 따라 쇄설성 퇴적암, 화학적 퇴적암, 유기적 퇴적암으로 구분된다.

쇄설성 퇴적암은 지표의 암석이 풍화·침식되어 생긴 암석조각이나 화산 분출물이 쌓여 형성된 퇴적암이다. 역암은 유수 및 파도의 작용으로 침식되고 운반된 물질이 바닥에 퇴적된 쇄설성 퇴적암의 하나로, 둥근 역들 사이에 모래나 점토가 충전되어 교결된 암석을 말한다. 역의 양은 전체 퇴적물의 30% 이상이어야 하고, 주로 해안이나 얕은 바다, 하안이나 하저에 퇴적된다. 각이 있는 자갈이 쌓여 만들어진 퇴적암은 각력암이라고 한다.

사암은 모래 크기의 광물이나 암석 입자(1/16~2mm)가 주로 구성된 퇴적암으로, 전체 퇴적암의 약 25%를 차지하며 풍화에 대한 저항력이 크다. 주요 구성 광물은 석영, 장석, 암편이고 그 외 여러 종의 부수 광물이 소량 포함되며, 5~20%의 공극률을 가진다.

셰일은 점토와 미사 크기의 매우 작은 입자로 이루어진 퇴적암으로, 일반적으로 입자의 크기가 1/16(63㎛)보다 작은 퇴적물로 구성된다. 미사암과 합하면 전체 퇴적암의 55%를 차지하는 흔한 암석인데 점토가 주로 장석의 풍화 생성물이고 장석이 전체 화성암의 60%를 구성하고 있음을 상기하면 셰일이 많은 이유를 알 수 있다. 세립질 물질로 육안으로 식별이 어렵지만 층리가 발달되어 보통 성층면을 따라 잘 쪼개지는 성질, 즉 박리성이 있다.

이암은 점토와 미사 같이 매우 작은 입자로 이루어진 퇴적암으로 셰일과 매우 유사하지만, 얇은 엽리층과 쪼개짐이 나타나지 않는 점에서 차이가 난다. 흰색 또는 연한 갈색을 띠며 표면이 매끄럽고 손톱으로 긁어도 잘 긁힌다.

쇄설물			화산쇄설물		
입자 크기	퇴적물	퇴적암	입자 크기	퇴적물	퇴적암
2mm 이상	자갈	역암	2~64mm	화산력	화산력암
2~1/16mm	모래	사암	2~1/16mm	화산재	응회암
1/256~1/16mm	실트	실트	1/16mm 이하	화산진	
1/256mm 이하	점토	셰일			

| 역암

| 사암

화학적 퇴적암은 석회질이나 규질 등의 물질이 화학적으로 침전되거나 증발로 인해 물에 용해된 성분이 남아서 형성된 퇴적암이다. 특히 해수의 증발이 활발한 지역에서는 해수 속의 염 물질이 포화되고 침전되어

| 셰일

형성된 퇴적암을 증발암이라고 한다.

가장 흔한 화학적 퇴적암으로 암염(NaCl), 석고($CaSO_4$), 석회암($CaCO_3$), 처트(SiO_2) 등이 있다. 처트는 미세한 석영 결정들로 구성된 매우 치밀한 퇴적암으로 단단하다. 처트의 특징은 패각상으로 깨지는 것인데, 원시인들은 이런 특징을 도구 제작에 활용했다.

화학적 퇴적 기원의 석회암은 탄산칼슘의 농도가 침전될 정도까지 화학적 변화가 일어나거나 물의 온도가 증가하여 생성된다. 백운암은 백운석(dolomite)을 다량 함유한 퇴적암으로, 탄산염 퇴적물이나 석회암이 속성작용을 받아 변질된 백운석으로 이루어진 암석이다. 석회암에 비해 양적으로 적으며 대체로 흰색을 띠고 염산에 잘 반응하지 않아 석회암과 구별이 가능하다.

| 처트

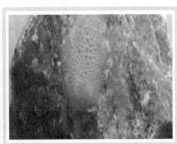

| 석회암

방해석($CaCO_3$)이 백운석 $[CaMg(CO_3)_2]$으로 변하는 데는 Mg이 다량으로 섞인 해수에서의 작용이 가장 효과적이라고 알려져 있다.

유기적 퇴적암은 생물의 유해나 생물 기원의 퇴적물이 쌓여서 형성된 퇴적암이다. 대부분 조개, 산호, 동물 뼈 등의 유해 성분인 탄산칼슘($CaCO_3$)이 다량 포함된 생물 기원의 퇴적물이 속성작용을 받아 생성된 퇴적암으로, 순수한 것은 흰색을 띠며, 방해석(calcite)의 함량이 매우 높다. 생물의 유해가 잘 보존되어 있는 석회암은 지질시대를 규명 짓거나 그 당시의 퇴적환경과 생물계를 지시하는 중요한 자료로 활용된다.

대륙붕에서 대양저까지의 광범위한 퇴적분지나 얕은 바다에서 주로 생성되며 육지의 담수 환경에서 생성되기도 한다. 부서진 조개껍질 조각들의 굵은 입자로 만들어진 석회암을 패각암 또는 코퀴나라고 한다. 패각암은 생물학적 기원이라는 것을 쉽게 알 수 있는 석회암이지만, 백악은 패각암보다는 못하지만 생물학적 기원을 알 수 있는 암석이다. 미세한 부유성 바다 미생물의 탄산염 껍질이 모여 다져져서 만들어진 백악은 다공질의 부드러운 암석이다.

유기적 퇴적암인 석탄은 습지나 얕은 물밑에서 서식하는 식물은 죽으면 바로 물속에 쌓여서 오랜 시간이 경과하는 동안 매우 두꺼운 층을 형성한다. 마른 땅 위에서 죽은 식물은 곧 썩어 없어지지만 물속에서는 산소 부족으로 썩지 않고 거의 그대로 보존된다.

이 두꺼운 식물의 층은 토탄을 이루었다가, 지각의 침강으로 지층이 그 위에 두껍게 쌓여 위에서 가해지는 큰 압력과 지구 내부의 지열로 인해 식물의 구성 성분인 수소·질소·산소의 대부분은 달아나 버리고 탄소로 치환되는 작용, 즉 탄화작용을 받아 석탄이 생성된다. 식물이 변해서 석탄이 되는 데는 박테리아의 작용과 부분적인 산화작용으로 진행되며, 최초의 탄화 물질은 토탄이다. 토탄은 그 위에 퇴적물이 쌓이면서 압력을 받아 수분과 휘발 성분이 제거되고, 고정 탄소의 함량이 증가되면서 갈탄 ⇨ 역청탄 ⇨ 무연탄으로 변화된다. 이론적으로 식물의 층은 석탄으로 변화되면서 원래의 두께에서 5~10%로 줄어든다.

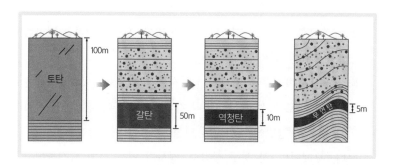

종 류	탄화도(%)	특 징	한반도의 석탄
무연탄	90 이상	착화가 늦고, 불꽃을 일으키지 않고 타며, 연기가 없다.	고생대·중생대
역청탄	70~90	착화가 쉽고, 휘발성분이 많아 노란 불꽃을 일으키며 화력이 세다.	없음
갈탄	60~70	갈색을 띠고 나이테 등 원래 수목의 구조가 관찰되는 부분이 있다.	신생대
토탄	50 이하	땅속에 묻힌 지 오래되지 않아 아직 식물의 구조가 그대로 있다.	신생대

퇴적암이 될 당시의 퇴적구조

퇴적암은 여러 다른 환경에서 퇴적된 퇴적층으로 구성된다. 이러한 층의 집합을 지층 또는 층리라고 한다. 각 층에서 관찰되는 조직, 성분, 입자 크기 변화 또한 층리면을 만든다. 일반적으로 각 층리면은 한 퇴적 사건이 끝나고 다른 퇴적 사건이 시작됨을 알려준다. 각 층에는 퇴적구조가 나타날 수 있는데, 이러한 퇴적구조는 퇴적 당시의 환경이나 유수의 방향, 지층의 상하를 판단하는 데 중요한 단서를 제공한다.

퇴적물은 유체로부터 입자가 침전하여 생성되므로 모든 지층은 평탄한 층으로 형성된다. 그러나 가끔은 퇴적물이 평평하게 퇴적되지 않고 수평면에 경사지게 퇴적된다. 이러한 층을 사층리라 한다. 모래언덕, 강 하구 삼각주, 경사져 있는 하천 퇴적물에서 나타나는 특징이다. 점이층리는 한 개의 층 안에서 입자 크기가 아래쪽으로부터 위쪽으로 갈수록 조립질에서 세립질로 변화한다. 이는 인정한 환경에서 퇴적물이 급격하게 밀려와 쌓일 때 생성되는데, 중력에 의해 무거운 입자들이 먼저 침전되고, 작은 입자들이 나중에서 퇴적되면서 형성된다. 대륙붕이나 대륙사면에 쌓인 쇄설성 퇴적물이 화산 폭발 또는 해저 지진 등에 의해 한꺼번에 미끄러져 내려가는 흐름을 저탁류라 한다. 저탁류가 발생하면 대륙 사면을 따라 이동하던 퇴적물이 입자의 크기에 따라 차례대로 쌓이면서 점이층리가 발달한다. 그리고 이러한 과정을 거치면서 퇴적물이 운반되어 굳어진 암석을 저탁암(低濁巖, turbidite)이라 한다. 점이층리 구조는 심해저 평원의 환경에서 만들어진 퇴적구조다.

연흔은 물이나 공기에 의해 퇴적층 윗면에 형성되는 물결 모양의 자국이다. 볼록한 부분은 유체 이동 방향에 수직으로 생긴다. 연흔이 한쪽 방향으로 움직이는 물이나 바람에 의해 생성되는 경우에는 비대칭 형태를 보인다. 그러나 얕은 연안 환경에서 앞뒤로 움직이는 파도에 의해 형성되는 연흔을 대칭연흔이라 부른다. 건열은 퇴적암이 습하고 건조한 기후가 반복되는 환경에서 형성된다. 건조한 대기에 노출된 습한 진흙은 마르면서 갈라져 균열을 만든다. 건열은 갯벌과 같은 간조대, 얕은 호수 그리고 사막 분지에서 만들어진다.

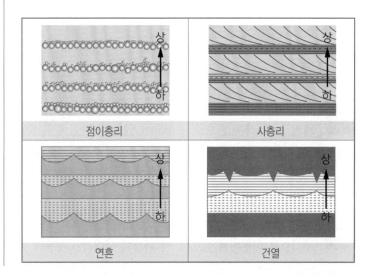

점이층리 사층리

연흔 건열

판구조론

정의 판구조론(板構造論, plate tectonics)은 지구의 표면은 여러 개의 크고 작은 판으로 구성되어 있으며, 판들의 움직임에 따라 화산과 지진 활동, 조산 운동 등의 지각변동이 발생하는 것을 설명하는 이론이다.

해설 지구 표면을 구성하는 암석권은 판이라 불리는 여러 개의 조각으로 이루어져 있으며, 각 판들의 상대적인 운동에 따라 생성과 소멸을 한다. 이러한 운동에 따라 지진과 화산이 발생하는 과정을 설명하는 이론이 판구조론이다. 판구조론에 따르면 지표에서 깊이 약 100km까지 지구의 맨 바깥 부분인 지각과 상부 맨틀의 단단한 암석으로 이루어진 암석권으로 이루어져 있으며, 그 아래 지표면으로부터 깊이 약 100~400km까지의 지역에는 부분 용융되어 느리게 유동하는 연약권으로 구성되어 있다. 암석권의 10개의 주요 판으로는 아프리카 판, 남극판, 오스트레일리아 판, 유라시아 판, 북아메리카 판, 남아메리카 판, 태평양판, 코코스 판, 나스카 판, 인도 판이 있다. 이들과 더불어 다수의 작은 판들은 서로 움직이면서 수렴 경계, 발산 경계, 보존 경계의 세 종류의 경계를 형성한다. 지진, 화산, 조산 운동, 해구 등은 대부분 판의 경계를 따라서 일어난다.

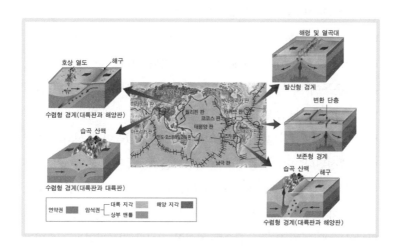

발산형 경계는 새로운 판이 생성되는 곳으로 두 판이 서로 멀어지는 상대운동을 한다. 발산형 경계의 대표적인 예는 대서양 중앙해령으로 맨틀로부터 뜨거운 물질이 상승하여 새로운 해양판이 만들어지면서 해저 확장이 일어난다.

수렴형 경계는 두 판이 만나 섭입하거나 충돌하는 곳이다. 해양판과 대륙판이 충돌할 경우, 밀도가 큰 해양판이 대륙판 아래로 비스듬히 들어가 섭입대가 형성된다. 해양판의 섭입에 의해 해구에서부터 섭입대를 따라 지진이 발생하며, 마그마의 생성으로 호상 열도가 만들어진다. 대륙판과 대륙판이 충돌할 경우에는 두 판의 밀도가 비슷하여 판이 수축하고 두꺼워져서 습곡과 단층 활동이 활발해지고, 습곡

산맥을 형성한다. 이렇게 형성된 산맥은 알프스, 히말라야 산맥 등이다. 보존형 경계는 변환단층 경계라고도 하며 판의 생성이나 소멸 없이 판들이 서로 어긋나는 곳이다. 중앙해령은 하나의 연속적인 열곡이 아니라 변환단층에 의해 어긋나 있다. 해령과 해령 사이에서 새로운 판이 형성되어 서로 반대 방향으로 이동하므로 천발지진이 발생한다. 대부분의 변환단층은 해양판의 해령 부근에 분포하지만, 산안드레아스 단층처럼 대륙 내에 위치하는 것도 있다.

판구조운동에 따라 판의 경계에서는 지진 활동과 화산 활동이 일어난다. 해령에서는 천발지진이 주로 일어나는데, 이는 마그마의 계속적인 상승과 맨틀 대류에 의한 장력으로 인해 열곡이 생성되는 과정에서 생성된다. 변환단층에서는 인접하는 두 지판의 상대적인 운동에 의해 천발지진이 발생한다. 해구에서는 해양판이 대륙판 밑으로 경사를 이루고 침강할 때 두 판의 마찰에 의해 경계면을 따라 지진이 발생하는데, 대륙 쪽으로 갈수록 진원의 깊이가 깊어지면서 심발지진이 발생한다.

판구조운동에 따라 수렴형 경계에서는 화산 활동과 조산 운동이 일어난다. 조산 운동은 두 지판의 충돌로 일어나며 화성 활동과 변성 작용을 수반한다. 대륙판과 해양판이 충돌하면 대륙판 밑으로 해양판이 침강해 들어가면서 침강대를 따라 지진이나 화산 활동이 일어나며, 이 때 호상 열도가 형성된다. 예를 들면 일본 열도는 태평양판이 유라시아 판 밑으로 섭입하면서 형성된 것이다. 해양판의 침강이 계속되면 결국 두 개의 대륙 사이에 있던 바다가 없어지고 대륙판끼리 충돌하며, 해저 퇴적층이 심한 습곡과 변성 작용을 받아 습곡산맥이 형성된다. 히말라야 산맥은 인도 대륙이 유라시아 판과 충돌하여 형성된 습곡산맥이다.

'불의 고리'라 불리는 환태평양지진대

지진대는 지각이 불안정하여 지진이 자주 발생하는 지역으로, 띠 형태를 보이며 화산대나 조산대가 거의 일치한다.

전 세계의 주요 화산대와 지진대는 태평양 주변을 따라 고리 모양으로 나타나는 환태평양 화산대·지진대, 인도네시아에서 히말라야 산맥을 거쳐 지중해까지 유라시아 대륙을 관통하여 발달한 알프스-히말라야 화산대·지진대, 대서양의 해령을 따라 분포하는 해령화산대와 지진대가 있다.

이러한 화산대와 지진대는 대체로 판의 경계 구역과 일치하여 일어난다. 환태평양지진대는 태평양을 둘러싸고 있는 고리 모양에서 붙여진 이름으로, 불의 고리(ring of fire)라고도 하며, 칠레 서부 지역, 미국 서부 지역, 알류산 열도, 알래스카, 쿠릴 열도, 일본 열도, 타이완, 말레이 제도, 뉴질랜드, 뉴기니를 연결한 태평양 연안과 이에 인접한 해역이다. 판구조론에서 말하는 지각변동이 활발한 판의 수렴형 경계 지역으로 세계에서 가장 큰 지진대로 거대 지진의 90%가 여기서 발생하고 있다.

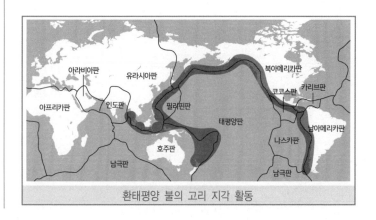

환태평양 불의 고리 지각 활동

환태평양지진대는 대륙판과 해양판이 만나 밀도가 큰 해양판이 대륙판 아래로 섭입하면서 베니오프대를 따라 천발지진과 심발지진을 모두 발생시키는 지역으로 규모가 큰 지진의 80%를 차지한다. 일본 열도의 생성과 일본 주변에 자주 발생하는 지진은 해양판인 태평양판이 대륙판인 유라시아 판과 충돌하는 경계에서 일어난 것이다. 안데스 산맥은 해양판인 나스카 판이 대륙판인 남아메리카 판과 충돌하여 만들어진 것이다.

해파

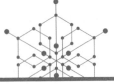

정의 해파(海波, ocean wave)는 해수 표면에서 생긴 교란이 파의 형태로 퍼져 나갈 때 일어나는 해수면의 주기적인 상승 또는 하강 운동을 의미한다.

해설 해파는 바람, 기압의 변화, 지진, 해저 화산의 폭발 등 여러 원인으로 형성되는데, 가장 큰 원인은 바람이다. 해파는 다음과 같은 구조를 가진다.

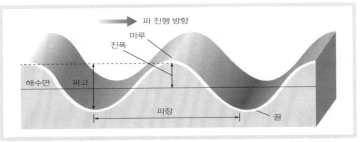

| 해파의 구조

해파에서 수면이 가장 높은 곳을 마루, 가장 낮은 곳을 골이라 한다. 마루에서 마루, 또는 골에서 골까지의 거리를 파장이라 하며, 골에서 마루까지의 높이를 파고라 한다. 그리고 해수면 위의 어떤 지점을 마루가 지나간 후 다음 마루가 지나갈 때까지 걸린 시간을 주기라 한다.

해파는 해수를 통해 에너지가 전달되는 과정으로, 이러한 에너지 전달은 물 입자의 운동을 통해 이루어진다. 바다에서 해파가 발생하여 진행될 때, 파와 에너지는 전달되지만 물 입자는 파의 진행에 따라 원 궤도를 그리며 상하, 전후 방향으로 왕복운동을 하여 처음 위치로 되돌아온다.

해파의 특성은 수심과 파장의 관계에 따라 결정되며 심해파와 천해파로 나뉜다.

심해파는 수심이 파장의 1/2보다 깊은 바다에서 물 입자가 파고를 지름으로 하는 원운동을 하는 해파다. 수심이 깊어짐에 따라 원의 지름은 점점 더 작아져서 수심이 파장의 1/2인 곳에서는 물 입자가 운동하며 나타내는 원의 반지름이 표면의 약 1/23으로 감소하고, 해저에서는 해파의 영향을 받지 않는다. 심해파의 속도는 파장에 의해서만 영향을 받으며 파장에 비례한다.

심해파와 달리 물의 깊이가 파장의 1/20보다 얕은 바다에서 진행되는 해파는 천해파의 성질을 띤다. 이 경우 물 입자는 타원 궤도 운동을 한다. 이때 물 입자가 그리는 타원은 수심이 깊어질수록 더욱 납작해지다가 해저면에 이르면 해저의 마찰을 받아 수평의 왕복운동만 한다. 수심이 변해도 파의 주기가 변하지 않으므로, 천해파의 전파 속도는 수심에 비례한다. 따라서 천해파가 수심이 얕은 해안에 접근하면 해저 마찰로 해파의 진행 속도는 느려지고 파도의 높이(파고)는

높아진다. 파장이 수십~수백 km에 해당하는 지진 해일은 천해파의
성질을 띤다.

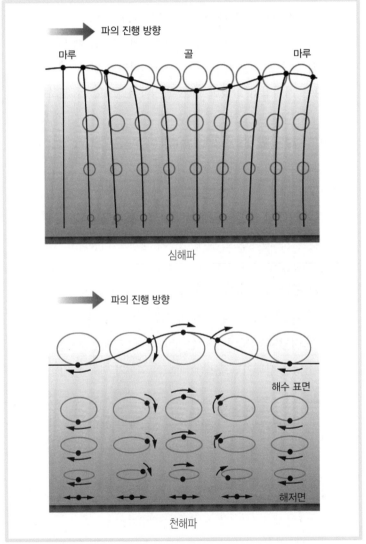

| 심해파와 천해파의 비교

해일

생.
각.
거.
리.

해일(海溢, surge)은 비정상적으로 높아진 해수면이 해안 근처에서 더욱 높아져 육지로 넘쳐 들어오는 현상이다. 해일은 원인에 따라 크게 폭풍 해일과 지진 해일로 나뉜다.

태풍이나 강한 저기압성 폭풍이 해안으로 접근할 때 나타나는 해수면의 상승을 폭풍 해일(storm surge)이라고 한다. 해수면 근처에 강한 저기압이 발달한 경우 정역학적 균형을 유지하기 위해 해수면이 부풀어 오르는데, 넓은 면적에 걸쳐 해수면을 1m 정도까지도 빨아올린다. 이렇게 높아진 해수면은 수심이 얕은 해안으로 접근함에 따라 더 높아지면서 해일이 된다.

해저 단층대에서의 급격한 지각의 연직 이동으로 형성된 긴 파장의 해파를 지진 해일(쓰나미)이라고 한다. 쉽게 말해서, 해저에서 일어나는 지각변동으로 인해 해수가 상하로 진동하고, 그것이 대규모의 파동이 되어 해수면에서 점차 퍼져나가는 것이다. 파도가 시작할 때의 파도 높이는 실제로 그리 높지 않지만, 이 파도가 해안 근처로 이동해오면서 해저면과의 마찰로 파의 진행 속도가 점차 느려지고 파도의 높이는 증가한다. 하지만 파의 에너지는 여전히 많은 상태이므로 결국 파도의 높이가 매우 증가하면서 큰

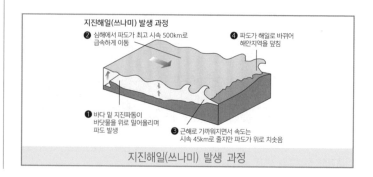

지진해일(쓰나미) 발생 과정

❷ 심해에서 파도가 최고 시속 500km로 급속하게 이동

❹ 파도가 해일로 바뀌어 해안지역을 덮침

❶ 바다 밑 지진파동이 바닷물을 위로 밀어올리며 파도 발생

❸ 근해로 가까워지면서 속도는 시속 45km로 줄지만 파도가 위로 치솟음

지진해일(쓰나미) 발생 과정

해일이 발생한다. 참고로 해저 화산 폭발, 해저에서 일어난 사태, 해안가의 빙하 붕괴나 산사태로도 쓰나미는 발생할 수 있다.

지진 해일의 진행 속도는 대략 200m/s로, 5~8km/s인 지진파의 속도와 큰 차이가 있다. 예를 들어 칠레 해안이 진원인 경우, 호놀룰루까지 지진파가 도달하는 데는 약 12분이 걸리지만, 이로 인해 발생한 지진 해일은 무려 15시간 이상이 걸린다. 따라서 지진파의 전파 속도가 너무 빨라서 지진 발생 시 대비하기 어려운 반면, 지진 해일은 전파 속도가 느려 그것이 도달하기 전에 경계 해역을 결정하여 정확한 지진 해일의 규모를 파악하고 지진 해일 경보를 발할 수 있다.

혜성

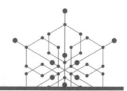

정의 혜성(彗星, comet)은 태양이나 큰 질량의 행성에 대해 타원 또는 포물선 궤도를 가지고 도는 태양계 내에 속한 작은 천체다.

해설 혜성을 우리나라에서는 '살별'이라 불렀으며, 고대 그리스에서는 혜성의 긴 꼬리가 머리카락이 나부끼는 형상이라고 하여 꼬리별(komet, 악마의 별)이라고 불렀다. 여기서 유래하여 오늘날에도 여전히 comet라고 부르고 있다.

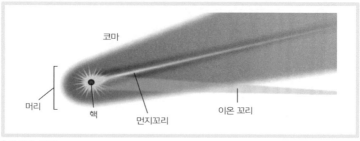

| 혜성의 구조

혜성의 구조는 크게 핵과 코마
(coma)로 이루어진 머리 부분
과 태양풍에 밀려 만들어진 2가
닥의 꼬리로 이루어져 있다. 핵
은 작은 중심핵을 얼음 덩어리
가 둘러싸고 있고 그 표면은 검
은색의 규산염 광물과 탄소 광
물이 둘러싸고 있다. 핵의 대부

|주기 혜성인 헬리 혜성

분은 C, H, O, N의 원소로 구성되어 있으며 Na, Si, S, Mg, Fe도 소량
포함되어 있고 중심은 밀도가 큰 물질이 자리 잡고 있다. 이 함량은
태양의 형성 당시 있었을 것이라고 추정되는 초기 구성 성분과 거의
같다고 보고 있다. 핵만 볼 수 있던 혜성이 태양으로부터 3AU 정도
거리에 도달하면 태양열에 가열되어 먼지와 가스가 방출되기 시작하
고 코마(coma)를 형성한다. 이 코마를 수소 구름이 둘러싼다. 혜성의
꼬리는 대기의 연장으로 가스와 고체 알갱이로 되어 있으며 태양에
접근함에 따라 점차 발달한다. 혜성의 꼬리는 이온꼬리와 먼지꼬리
가 있다. 먼지꼬리는 티끌꼬리라고도 하는데, 혜성이 궤도운동을 하
는 동안 태양의 강한 복사압으로 코마 내의 먼지들이 그대로 궤도상
에 뿌려지면서 생긴 것이다. 먼지꼬리는 혜성 진행 방향의 반대 방향
으로 생긴다. 이온꼬리는 가스 꼬리라고도 부르며, 약 50km/s의 큰
속도로 태양 반대쪽으로 이온 분자들이 밀려 나가면서 꼬리를 형성
한다. 이온꼬리는 태양에 근접할수록 점점 더 길어지는데, 이는 태양
에서 방출되는 태양풍이라 불리는 매우 빠른 양성자와 전자가 혜성에
영향을 주기 때문이다.
혜성의 종류에는 주기 혜성과 비주기 혜성이 있는데 주기 혜성은 태

양의 둘레를 공전하므로 지구에서 종종 볼 수 있는 혜성이다. 비주기 혜성은 원래 태양계 바깥에서 있던 천체로 태양계 안쪽으로 들어온 것을 말하며, 다시 태양계 밖으로 나가면 돌아오지 않는다. 주기 혜성은 다시 200년을 전후로 장주기 혜성과 단주기 혜성으로 나뉜다.

✅ 주기 혜성

등록번호	이 름		주기(년)	비 고
1P	Halley	헬리	75.4	최초로 주기성이 확인된 혜성
2P	Encke	엔케	3.3	가장 주기가 짧은 주기 혜성
3D	Biela	비엘라	6.54	현재는 소멸됨 안드로메다자리 유성군의 모혜성

✅ 비주기 혜성

혜성	발견자 또는 명명된 인물, 발견일
슈메이커-레비 9 혜성 (D/1993 F2, 1994 X, 1993e)	E. 슈메이커와 C. 슈메이커, 레비, 1993년 3월 24일
헤일-밥 혜성(C/1995 O1)	헤일과 밥, 1995년 7월 23일 알려진 혜성 중에 절대등급이 음수치인 4개의 혜성 중 하나(-2.7등급)

(P: 주기 혜성, C: 비주기 혜성, D: 분실되거나 붕괴된 혜성)

혜성의 기원에 대해 여러 가지 설이 있으나 분명한 것은 없다. 혜성은 초기 태양계가 형성되면서 외곽에 존재하게 된 오르트 구름(Oort cloud)으로부터 수많은 얼음과 먼지들로 구성되어 존재하다가 태양계 내의 중력이나 어떠한 섭동을 받아서 태양계 내로 진입한 천체로 보고 있다.

혜성이 지나간 자리

유성우는 일정한 시기에 하늘의 특정 지점을 중심으로 유성이 쏟아지는 것처럼 보인다. 중심이 되는 지점을 복사점이라고 하는데, 이 복사점이 위치한 별자리에 따라 사자자리 유성우, 오리온자리 유성우, 물병자리-에타 유성우, 쌍둥이자리 유성우 등 유성우의 이름을 붙이게 되었다. 이러한 천문 현상은 혜성이 태양 공전을 하면서 가스와 먼지 상태로 공간으로 방출하면서 궤도에 남겨놓는 잔해에 의한 것이다. 근일점을 통과하는 동안 얼음이 녹아 증발하면서 대량의 잔해를 남겨놓게 되는데, 이중 고체 잔해물이 유성체가 된다. 유성체는 모혜성의 궤도를 따라 유성체의 흐름을 만들게 되는데, 지구의 궤도가 이 궤도와 만나면서 수많은 유성체가 지구 대기에 부딪히며 유성우를 형성한다.

쌍둥이자리 유성우

화석

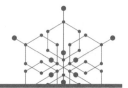

정의 화석(化石, fassil)은 지질 시대에 살았던 생물의 유해나 흔적이 암석에 보존된 것이다.

해설 화석은 지질 시대에 살았던 생물의 유해나 흔적이 암석으로 보존된 것을 말한다. 동물의 이빨이나 뼈, 껍데기와 식물의 셀룰로오스 같은 단단한 조직이 일반적으로 화석을 형성한다. 그러나 특별한 경우 화석이 되기 어려운 연한 조직까지 화석으로 보존되는 경우도 있다. 시베리아 영구동토층에서 발견된 매머드, 사막에서 발견된 미라, 호박 속의 모기, 버섯 화석 등이 그 예다. 이와 같이 생물체 자체가 보존되는 것을 몸체화석(body fossil)이라 한다. 생물의 서식환경에 나타난 발자국이나 흔적, 배설물이 암석 속에 보존된 경우도 화석으로 분류하는데 이를 흔적화석(trace fossil)이라 한다. 화석화 작용은 생물체가 생물권에서 암권으로 이동하는 과정이다. 그러나 생물의 유해는 대부분 다른 생물의 조직으로 흡수되거나 무

기물로 분해되어 버린다. 따라서 화석이 되려면 가능한 빨리 입자가
작은 퇴적물과 함께 매몰되어 지하수의 영향을 적게 받아야 한다.
그래서 화석은 석회암, 셰일, 사암 등에서 주로 발견되며 화산재가
퇴적되어 형성된 응회암에서도 발견된다.

퇴적암으로 변하는 속성 과정을 거치는 동안 지하에 묻힌 생물은 지
하수에 의해 연한 조직부터 용해되어 없어진다. 용해되지 않은 단단
한 조직은 암석 속에 남아 화석을 형성한다. 원래 성분과 조직이 화
석으로 되는 경우도 있지만 대부분은 안정된 광물이나 암석으로 변
형되어 보존된다. 조직의 빈 부분은 방해석이나 석영과 같은 광물로
채워져 화석이 된다. 유기물은 규산으로, $CaCO_3$는 황철석(FeS_2)으로
분자 간 치환이 이루어져 화석이 만들어지기도 한다. 또 퇴적층 내에
서 생물의 조직이 용해되어 몰드를 형성하기도 한다. 이러한 몰드
(mold)에 다른 광물이나 퇴적물이 채워지면 이를 캐스트(cast)라고
한다.

| 암모나이트의 몰드(왼쪽)와 캐스트(오른쪽) _네팔

지질 시대별 화석과 한반도에서 발견된 화석

1. 선캄브리아 시대

선캄브리아 시대의 화석이 발견된 지는 채 100년이 되지 않았다. 그만큼 화석의 산출 빈도가 드물기 때문이다. 최초의 광합성 생물로 여겨지는 남조류로 형성된 스트로마톨라이트가 알려지면서 지구 진화 과정에 대해 많을 것을 알게 되

스트로마톨라이트(과학교육원)

었다. 호주 서해안의 샤크 만에는 지금도 남조류로 스트로마톨라이트가 형성되고 있다. 남조류의 광합성은 지구에 막대한 산소를 공급하게 되었고 풍부해진 산소를 바탕으로 단세포이던 생물은 약 6억 년 전 콜라겐을 합성하여 다세포 생물로 진화했다. 최초의 다세포 생물의 흔적은 호주의 에디아카라 지역에서 발견되었다. 이를 '에디아카라 동물군'이라 한다. 에디아카라 동물군은 세계 30여 곳에서 발견되었지만 한반도에서는 아직까지 발견되지 않았다.

한반도의 선캄브리아 시대 암석은 퇴적변성암류와 화강편마암류로 시생대의 화석은 산출되지 않고, 인천 소청도의 해안가에서 약 8억 년 전 남조류로 만들어진 스트로마톨라이트가 원생대 화석으로 발견되었다. 현재는 천연기념물로 지정되어 보존되고 있지만 전에는 분(粉)바위로 불리며 대리암 석재 채취가 이뤄지기도 했다. 한반도의 스트로마톨라이트는 고생대와 중생대 지층에서 더 많이 발견되고 있다.

소청도 분(粉)바위

2. 고생대

고생대를 대표하는 화석은 삼엽충이다. 고생대 초기 삼엽충은 지구의 주인이라 할 만큼 크게 번성했다. 비슷한 시기에 척추동물의 선조라 할 수 있는 턱이 없는 물고기인 갑주어가 출현했다. 고생대 중기에 이르러 삼엽충은 쇠퇴하고 바다전갈이 번성하였으며, 척추동물은 턱을 가진 판피어로 진화한다. 뒤이어 현생의 경골어류와 연골어류의 선조들이 출현한다. 경골어류 중 일부는 지느러미에 뼈가 있는 형태로 진화하고 아가미가 아닌 폐로 호흡하면서 육상으로 진출한다. 그에 앞서 식물과 거미와 같은 절지동물이 먼저 육상으로 진출한다. 이때 형성된 대기권의 오존층이 없었다면 육상으로의 진출은 불가능했을 것이다.

고생대 말 척추동물은 양서류에서 육지에 알을 낳을 수 있는 파충류로 진화한다. 이 때 식물은 포자로 번식할 수 있는 양치식물이 번성한다. 현재 채취되고 있는 대부분의 석탄은 이 시기의 양치식물에 의해 형성된 것들이다. 바다에는 거대 유공충인 푸줄리나가 번성하여 이시기의 표준화석으로 활용되고 있다.

판게아가 형성되고 고생대 생물은 지구역사상 가장 큰 멸종을 맞는다. 영구동토층에 얼어 있던 메탄이 화산 활동으로 분출되면서 나타난 심각한 지구온난화가 원인일 것이라 추정하고 있다.

한반도 고생대 화석은 강원도의 조선누층군과 평안누층군에서 주로 산출된다. 고생대 초기에 퇴적된 조선누층군 위에 고생대 말기의 퇴적층인 평안누층군이 부정합으로 덮고 있다. 조선누층군에서는 삼엽충과 완조류, 산호, 바다나리 등이 산출되고 있다. 단양지역에서는 시상화석이면서 표준화석인 사방산호 화석이 발견되기도 했다. 평안누층군의 하부는 석탄기에 바다에서 퇴적되어 푸줄리나와 바나나리가 산출되며, 상부는 페름기에 호수에 퇴적되어 형성된 지층으로 식물화석이 산출된다. 강원도에서 채취되는 석탄이 이에 해당한다.

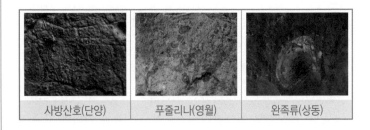

| 사방산호(단양) | 푸줄리나(영월) | 완족류(상동) |

3. 중생대

고생대 말 대량 멸종을 극복한 파충류는 온난한 기후를 바탕으로 중생대 전체에 걸쳐 번성한다. 중생대를 지배했던 파충류를 공룡이라 하는데 공룡의 내장 기관은 현생 파충류보다는 조류(鳥類)와 비슷한 구조가 많아 공룡의 후손을 조류(鳥類)로 보기도 한다. 중생대 트라이아스기 지층은 평안누층군 최상층인 동고층에 해당하며 화석은 발견되지 않았다. 쥐라기는 영화 〈쥐라기 공원〉으로 잘 알려져 있지만 한반도의 쥐라기 시대 공룡 화석은 아직까지 보고된 적은 없다. 쥐라기의 퇴적층은 한반도 곳곳에 분포하는 대동누층군이다. 대동강 주변에서 산출된다하여 대동누층군이라 불리며, 단양, 문경, 김포, 대천 등에 분포한다. 대동누층군에는 식물 화석과 곤충, 담수 조개 화석이 발견된다. 대천과 전곡의 석탄층이 이에 해당한다. 대동누층군은 형성 이후 대보조산운동에 의해 습곡과 단층이 많이 나타난다.

백악기에 들어 현재 경상도 일대에 대규모 육성기원 퇴적층이 형성되는데 이를 경상누층군이라 한다. 한반도는 백악기에 들어 공룡의 전성시대를 맞는다. 경상누층군의 경남 고성과 해남의 우항리는 세계적인 공룡 화석 산지로 유명하다.

중생대의 생물로 육지에는 공룡이라 하면 바다의 표준화석은 암모나이트이다. 그러나 한반도에서 암모나이트는 발견되지 않는다. 그 이유는 중생대 전체에 걸쳐 한반도의 퇴적층은 육지의 호수 환경에서 형성되었기 때문이다.

| 공룡의 유정란 | 공룡알 | 공룡발자국 |
| (우석헌자연사박물관) | (경기도과학교육원) | (전남 해남 우항리) |

4. 신생대

약 6,500만 년 전 멕시코의 유카탄 반도에 10km 이상의 소행성이 충돌하면서 중생대가 막을 내리고 신생대가 시작된다. 중생대 기간 동안 쥐나 개 정도 크기의 포유동물은 공룡이 사라지자 매머드와 같은 거대 포유류로 진화하여 지구를 지배한다. 한반도 신생대 제3기 지층은 포항-울산 분지에 주로 분포한다. 이 지역은 육성층과 해성층이 교대로 나타나 유공충과 연체동물 같은 바다 생물과 식물 화석이 산출된다. 신생대 제4기의 지층은 유일하게 제주도 서귀포층만 알려져 있다. 이 지층에서는 사람 발자국 화석이 발견되기도 했다.

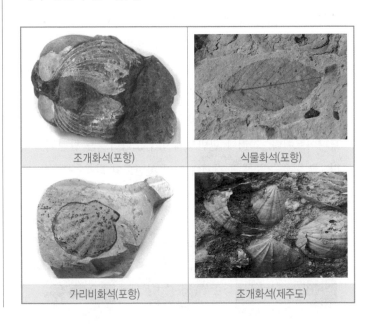

조개화석(포항)

식물화석(포항)

가리비화석(포항)

조개화석(제주도)

화성암

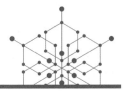

정의 화성암(火成巖, igneous rock)은 마그마가 지표나 지하에서 식어 형성된 암석이다.

해설 용융된 마그마가 지표에서 굳어 형성된 암석을 화산암 또는 분출암이라고 하고, 지하 심부에서 형성된 암석을 심성암이라고 한다. 심성암은 지각의 일부가 융기되거나, 상부에 놓여 있는 암석이 침식으로 깎여 지표에 노출된 것이다. 화산암의 대표적인 암석은 현무암으로 제주도나 포천의 한탄강에서 볼 수 있고, 심성암의 대표적인 암석은 북한산이나 설악산을 이루고 있는 화강암이다.

❂ 화성암의 산출 상태

마그마가 식어서 굳어 형성된 암석의 모양을 산출 상태라고 한다. 화산암은 마그마가 화구나 지각의 틈을 따라 흘러나와 지표에서 굳은 암석이다. 암맥은 마그마가 기존의 암석 틈을 따라 부조화적으로 관입하여 굳은 화성암체며, 암상은 마그마가 퇴적암의 층리면에 평행하게 판 모양으로 들어가 형성된 화성암체다. 병반은 퇴적암 층리면 사이로 암상처럼 관입하여 퇴적암을 들어 올려 아래는 편평하고, 윗부분은 둥근 모양의 화성암체고, 화도는 마그마가 지표로 이동하는 길에 굳어진 화성암체를 암경이라고 한다.

✔ 화성암의 분류

냉각 속도에 따른 분류는 마그마가 냉각되는 위치에 따라 냉각 속도가 다르기 때문에 안석의 조직이 달라지며 화산암, 반심성암, 심성암으로 분류한다. 화산암은 마그마가 지표로 분출하여 급히 식어서 굳어진 암석으로 결정의 크기가 작다. 반심성암은 마그마가 비교적 지하 얕은 곳에서 식어 굳어진 암석으로 세립질 조직이나 반상 조직을 나타낸다. 심성암은 마그마가 지하 깊은 곳에서 서서히 식어 굳어진 암석으로 결정을 만들 시간이 많기 때문에 결정의 크기가 큰 조립질 조직을 나타낸다.

화학 조성에 따른 분류는 SiO_2의 함량에 따라 고철질암(염기성암), 중성암, 규장질암(산성암)으로 분류한다. 고철질암은 SiO_2 함량이 52% 이하인 암석으로 마그마 분화 초기에 정출된 광물로 이루어져 있으며, 감람석과 휘석 등의 유색 광물의 함량비가 높아 어두운 색을 띤다. 특히 SiO_2 함량이 40% 이하인 암석을 초고철질암(초염기성암)이라고 하며, 맨틀을 구성하는 감람암이 이에 속한다. 중성암은 SiO_2 함량이 52~66%인 암석으로 마그마 분화 중기에 정출된 광물인 각섬석과 사장석이 주로 이루어져 있다. 규장질암은 SiO_2 함량이 66% 이상인 암석으로 화강암질 마그마가 굳어서 형성되었으며, 흑운모뿐만 아니라 밝은 색 광물인 장석과 석영이 주로 구성되어 있어 밝은 색을 띤다.

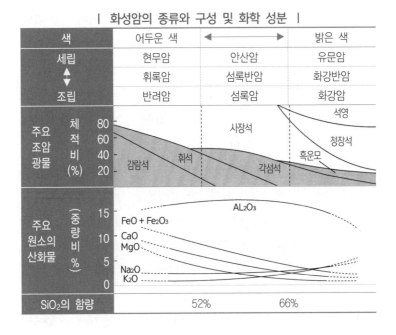

색	어두운 색 ◄──────────► 밝은 색		
세립 ↕ 조립	현무암	안산암	유문암
	휘록암	섬록반암	화강반암
	반려암	섬록암	화강암

I 화성암의 종류와 구성 및 화학 성분 I

주요 조암 광물 / 체적비(%): 감람석, 휘석, 사장석, 각섬석, 흑운모, 석영, 정장석

주요 원소의 산화물 (중량비 %): Al_2O_3, $FeO + Fe_2O_3$, CaO, MgO, Na_2O, K_2O

SiO_2의 함량: 52%, 66%

화성암은 냉각 속도(결정 크기)와 화학 조성(암석의 색)에 따라 아래 표와 같이 9개의 암석으로 분류할 수 있다. 현무암은 고철질암으로 색이 어둡고, 지표에서 형성되어 냉각 속도가 빠르기 때문에 결정이 작다. 반면 화강암은 규장질암으로 밝은 색을 띠고, 지하에서 서서히 식어 결정이 크다. 현무암을 만드는 마그마가 지하에서 식으면 반려암이 되는데, 반려암은 색은 어둡고 결정은 큰 특징을 갖게 된다.

✅ 화성암의 조직

마그마의 냉각 속도는 암석 조직에 큰 영향을 미친다. 느린 냉각은 큰 결정 성장을 가져오고, 빠른 냉각은 작은 결정을 형성한다.

비현정질(세립질) 조직은 지표면 또는 상부 지각 내에서 형성된 화성암은 냉각이 상대적으로 빨리 이루어져 매우 미세한 입상 조직을 갖는데, 이를 비현정질이라고 한다. 비현정질 암석은 결정이 너무 작아 현미경으로만 구별할 수 있다. 비현정질 조직을 갖는 암석은 눈으로 광물의 식별이 불가능하기 때문에 암석의 색으로 암석을 추론하는데, 어두운 색은 철과 마그네슘이 많아 고철질 광물이 있다는 것을 알 수 있고, 반대로 밝은 색 암석은 철과 마그네슘이 적은 규산염 광물들이 많다는 것을 알 수 있다.

현정질(조립질) 조직은 대규모의 마그마가 지표 아래 깊은 곳에서 천천히 식으면서 현정질의 화성암을 생성한다. 냉각 속도가 느리기 때문에서 광물 결정들은 서로 성장하면서 결합된 결정들로 구성된 조립질 암석들은 육안으로 식별할 수 있다. 이중에서 결정의 크기가 1cm 보다 크게 성장한 조직을 페그마타이트 조직이라고 하며, 마그마의 결정화 후기 단계에서 주로 형성된다.

지하 깊은 곳에 위치한 큰 규모의 마그마는 결정화되는 데 수만 년에서 수십만 년이 걸릴 수 있다. 지하에서 서서히 식으면서 결정이 형성되고 있던 마그마가 지표 근처로 이동하면 비교적 빠르게 냉각되어 큰 결정 주위로 작은 결정이 만들어진다. 이를 반상 조직이라 하며, 암석의 큰 결정들은 반정이라 하고, 작은 결정들의 기질은 석기라고 한다. 유리질 조직은 화산이 분출할 때 용암은 대기로 분출되면서 빠르게 냉각된다. 이런 빠른 냉각은 유리질 조직을 갖는 암석을 생성할 수 있다. 유리질 조직은 이온들이 규칙적인 결정구조로 결합되기 전에 불규칙적으로 아주 빠르게 고화되기 때문에 생성된다. 자연에서 일반적인 형태의 유리질인 흑요암은 검은색 덩어리의 유리질 암석이다. 하와이 화산은 가끔씩 용암 분수를 만드는데, 이는 수십 미터의 현무암질 용암을 공기 중으로 내뿜고 있는 것과 같다. 이러한 활동은 펠레의 머리카락이라 부르는 섬유 모양의 화산성 유리를 만들기도 한다.

암석의 이용

암석은 옛날부터 우리 생활에 생활용품, 건축재, 장식용 등으로 이용되었다. 우리 조상들이 암석을 이용한 곳은 온돌, 돌계단, 돌다리, 성벽, 성문, 궁궐, 주춧돌, 돌담과 같이 건축재로 이용했고, 도끼, 돌칼, 절구, 고인돌, 부싯돌과 같이 생활용품으로, 비석, 석탑의 장식용으로 다양하게 활용했다.

암석의 특징에 따라 쓰임새를 보면, 생활용품으로는 맷돌, 목용용돌, 숫돌, 벼루, 맥반석, 돌절구, 돌침대, 돌솥, 돌빨래판, 분필 등으로 이용된다. 건축재로는 도로포장재, 건물 바닥재, 시멘트의 원료, 돌다리, 콘크리트, 대리석 장식재 등으로 이용되며, 장식용으로는 정원석, 석고상, 수석, 비석, 보석 등으로 쓰인다.

우리 주변에서 많이 이용되는 암석 중 화성암으로는 화강암 · 현무암이, 퇴적암으로는 사암 · 석회암이, 변성암으로는 편마암 · 점판암 · 대리암이 사용되고 있다. 화강암은 단단하고 화학 변화에 강한 편이고, 우리나라에서 많이 산출되기 때문에 주변에서 쉽게 구할 수 있고, 큰 덩어리 상태로 산출되기 때문에 특정한 모양으로 가공하기가 쉽다.

주로 묘지 주변의 석물이나 비석, 건물의 외장재, 인도의 차량 진입 방지 기둥(볼라드), 돌계단 등의 건축 자재용으로 쓰인다. 현무암은 단단하고 열에 강하며, 돌하르방 등의 조각품 재료로 쓰인다. 구멍이 많은 경우에는 닳으면서 계속해서 날카로운 면이 생기기 때문에 곡식을 갈 때 쓰이는 맷돌 재료로 이용되기도 한다. 사암은 조직이 치밀하고 가공이 쉬워서 장식재로 사용되며, 숫돌 재료가 되기도 한다. 또한 학교나 공공기관의 교훈탑과 같은 상징물로 화강암과 더불어 많이 사용된다. 석회암은 탄산칼슘이 주

성분으로, 점토와 섞어 시멘트 원료로 이용된다.

편마암은 검고 흰 줄무늬가 아름다워 축대나 정원석으로 이용된다. 점판암(슬레이트)은 결이 가늘고 물을 거의 흡수하지 않아서 벼루, 숫돌, 기와 등에 이용한다.

대리암은 광물이 치밀하게 결합되어 있으며, 가공이 쉽고, 아름다운 색깔과 무늬를 가지고 있어 조각 재료 등으로 널리 쓰인다. 그러나 산성비 등에 쉽게 부식되기 때문에 건물의 외장재로는 부적당하다. 암석 중 지질학적으로 매우 희귀하고 특이하며, 암석이 어떻게 이루어지는가를 연구하는 데 중요한 자료가 되므로 천연기념물로 지정·보호하고 있는 것들이 있다.

경상북도 운평리 구상화강암(천연기념물 제69호)은 표면에 특수한 환경 조건에서 형성된 공 모양의 무늬가 많아 보여 구상 화강암이라 하고, 공 모양은 지름은 5~13cm 섬록암 덩어리며, 가장자리는 검은색을 띠고 있다. 모양이 거북등과 같아서 이 마을에서는 '거북돌'이라고도 부르며, 이러한 종류의 암석은 세계적으로 100여 곳에서만 발견되고 있다.

부산 전포동의 구상반려암(천연기념물 제267호)은 구상암(球狀岩)이 대부분 화강암 속에서 발견되지만, 구상반려암은 길이 400m, 폭 300m에 달하는 반려암 속에 구상암이 들어 있는 형태를 하고 있으며, 이는 아시아에서는 유일하게 기록된 희귀암석의 종류다. 구상암의 지름은 작게는 1cm 이하인 것부터 크게는 5~10cm인 것도 있다. 색깔은 암록회색이나 연한 회색이다.

전라북도 무주 구상화강편마암(천연기념물 제249호)은 무주군 왕정마을 일대에 분포하며 구상화강편마암에 형성되어 있는 둥근 핵은 지름이 5~10cm이고 색깔은 어두운 회색이나 어두운 녹색이다. 대부분의 구상암은 화강암 속에서 발견되는데 비해, 무주의 구상암은 변성암 속에서 발견되고 있어 매우 희귀한 경우에 속하며 학술적으로 대단히 중요한 가치를 지니고 있다.

백령도 남포동 콩돌 해안(천연기념물 제392호)은 백령도 남포동 오금포 남쪽 해안을 따라 둥근 자갈로 이루어진 약 1km 길이의 해안이다. 둥근 자갈은 백령도의 모암인 규암이 파쇄되어 해안의 파식 작용으로 마모를 거듭해 형성된 2~4.3cm의 세립질 자갈로 콩 모양을 하고 있어 콩돌이라 하고, 색깔은 백색 · 갈색 · 회색 · 적갈색 · 청회색 등으로 형형색색을 이루고 있어 아름다운 경관을 이루고 있다.

백령도 콩돌 해안

황도 12궁

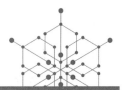

정의 황도 12궁((黃道十二宮, zodiac)은 태양이 황도를 따라 연주 운동을 하는 길에 있는 12개의 별자리다.

해설 지구 공전에 의한 태양의 겉보기 경로인 황도 전체(360°)를 30°씩 12등분하여 월별로 태양이 위치한 자리에 있는 별자리를 황도 12궁이라고 한다.

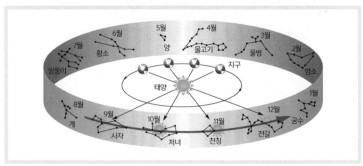

| 황도 12궁

춘분점이 위치한 물고기자리부터 양자리, 황소자리, 쌍둥이자리, 게자리, 사자자리, 처녀자리, 천칭자리, 전갈자리, 궁수자리, 염소자리, 물병자리의 12별자리를 말한다. 황도 12궁의 월별 별자리들은 태양이 지나가는 자리에 있는 별자리라서 낮에는 태양과 함께 떠 있어서 관측할 수 없고 그 반대쪽에 있는 별자리가 밤에 보이는 대표 별자리가 된다.

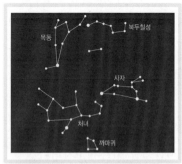

|봄철 별자리

|여름철 별자리

|가을철 별자리

|겨울철 별자리

탄생 별자리와 황도상의 별자리가 맞지 않는 이유

심심풀이로 별자리 점을 볼 때 우리는 흔히 아무 의식 없이 자신의 탄생일과 별자리들이 상징하는 날짜를 맞추어 보는데, 만약 현재의 황도 12궁을 보게 된다면 자신이 알고 있던 탄생 별자리와 황도상의 별자리가 맞지 않는다는 알게 될 것이다. 지금은 지구 자전축의 회전(세차운동)으로 인해 황도 12궁의 별자리 위치가 그리스의 천문학자 히파르코스가 서기전 130년경에 황도상의 별자리를 12등분 내었던 옛날에 비해 달라졌다. 하지만 여전히 점성술사들은 천체의 실질적인 위치보다는 오랫동안 이어져 온 과거의 별자리를 이용하여 관습적으로 점을 보고 있는 것이다.

탄생 별자리

1월 20일~2월-18일 물병자리, 2월 19일~3월 20일-물고기자리, 3월 21일~4월 19일-양자리, 4월 20일~5월 20일-황소자리, 5월 21일~6월 21일-쌍둥이자리, 6월 22일~7월 22일-게자리, 7월 23일~8월 22일-사자자리, 8월 23일~9월 22일-처녀자리, 9월 23일~10월 23일-천칭자리, 10월 24일~11월 22일-전갈자리, 11월 23일~12월 21일-사수자리, 12월 22일~1월 19일-염소자리로 매월 1일에서 30일 또는 31일로 구분되어 있지 않다.

흑점

정의 흑점(黑點, sun spot)은 태양의 광구에 주위보다 온도가 상대적으로 낮아서 검게 보이는 부분이다.

해설 태양의 광구는 온도는 매우 높아서 약 5800K에 이르며, 흑점은 온도가 주변보다 온도가 상대적으로 낮아(4000K) 어둡게 보인다. 흑점이 주변 광구보다 온도가 낮은 이유는 광구의 특정 지점에서 강력한 자기장이 형성되면 에너지가 전달되는 대류 과정이 잘 일어나지 못한다. 이로 인해 자기장 주변은 온도가 떨어져 상대적으로 어둡게 보여서 흑점이 되는 것이다. 흑점은 중앙부에 어두운 암부와 그를 둘러싸고 있는 보다 덜 어두운 반암부로 되

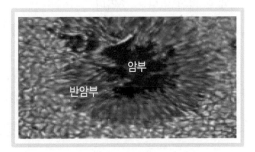

어 있다. 흑점 스펙트럼선의 도플러 효과 분석에 의해 암부에서는 물질들의 수직운동이 있고, 균형을 이루기 위해 온도가 낮은 곳으로 물질이 들어가려고 하므로 반암부에서는 표면에 평행하게 흐르는 물질의 운동이 있다는 사실을 알게 되었다. 흑점의 크기는 지구보다 훨씬 크게 성장한 흑점도 많으며 그중에는 지름이 5만 km 이상 되는 것도 있다. 수명은 1일~2개월 정도이고 크기가 클수록 대체로 수명이 긴 편이다.

갈릴레오는 광구면상을 흑점이 동에서 서로 이동하는 것을 관찰하고 이것이 태양의 자전 때문이라고 생각했다. 이것으로부터 태양의 자전 방향과 자전 속도를 알 수 있다. 태양의 자전방향은 행성의 공전 방향과 같은 서에서 동이다. 태양의 자

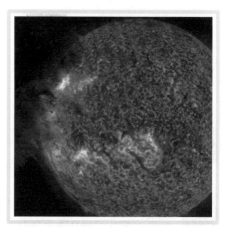

Ⅰ태양의 흑점 폭발

전 주기는 적도에서 25일, 위도 40°에서 28일, 위도 80°에서 36일로 위도에 따라 일정하지 않은데, 이는 태양의 표면이 고체가 아니라 기체로 되어 있다는 증거다.

태양 표면의 흑점은 11년 주기로 그 수가 증감한다. 태양 활동이 활발해지면 흑점이 발생도 증가하여 많을 때는 그 수가 100여 개에 이르며, 반대로 태양의 활동이 약해지면 거의 나타나지 않을 때도 있다. 흑점의 극대기에는 태양이 활발해져서 홍염이나 플레어 활동이 증가하고 코로나의 크기가 확장된다. 그리고 태양 표면에서의 폭발 현상

으로 강력한 태양풍이 형성되어 지구에도 자기폭풍, 델린저 현상, 오로라와 같은 현상의 빈도가 높아진다. 흑점의 극소기에는 그와 반대로 태양의 활동이 약하다.

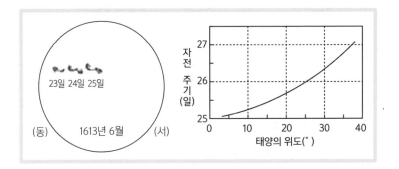

위 그래프에서 태양의 흑점수 증감을 살펴보면 1700년 이전 한동안 흑점 활동이 없는데, 이 시기에 태양의 활동이 약해서 지구에 혹한으로 소빙하기가 나타났다(몬더의 극소기).

흑점의 한 주기가 시작할 때는 흑점들은 높은 위도 ±35° 부근에서, 흑점의 극대기 때는 위도 ±15° 부근에서, 주기가 끝날 때는 위도 ±8° 부근에서 발생한다. 한 주기 내에서 흑점이 발생하는 위도는 점점 저위도로 이동한다. 위도 ±40°보다 높은 위도에서는 흑점이 거의 발생하지 않는다.

쌍극성 흑점군의 자성(N, S)은 흑점 주기에 따라 변한다. 쌍극성 흑점군에서 태양 자전의 방향으로 앞서 있는 선행 흑점과 뒤떨어진 후행 흑점은 서로 반대의 자성을 띠며, 선행 또는 후행 흑점의 자성은 같은 반구에서 각각 동일하나 남반구에서는 자성이 반대로 된다. 그러나 다음 주기에서는 반대 방향의 자성을 나타낸다.

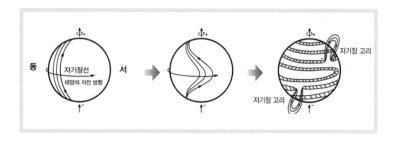

북극은 (+), 남극은 (-)로 자기력선을 형성하고 차등 자전으로 자기력
선은 적도를 빽빽하게 감을 때까지 늘어난다. 상승하는 대류로 자기
력선을 새끼와 같이 꼰다. 자기력선의 새끼가 떠오른 자기력선은 쌍
극자 영역을 형성(쌍자기 영역, 흑점, 백반, 루프 홍염 등이 발생)하고
그리하여 선행(P)과 후행(F) 자기장이 발생한다. 선행자기장은 적도
부근에서 충돌·중화되어 사라지고, 후행자기장은 극 쪽으로 이동하
여 자기의 극이 바뀐다. 자기의 극성의 주기를 고려하면 진정한 의미
에서의 태양의 활동 주기는 22년이다.

흑점의 이동 방향과 태양의 자전 방향

태양의 자전 방향과 흑점의 이동 방향을 각각 기술할 때 동일한 움직임에 대해 "태양이 서에서 동(반시계 방향)으로 자전한다"고 하고 "흑점이 동에서 서(시계 방향)로 이동한다"고 서로 다르게 말해서 혼란스러울 수 있다. 분명한 것은 관측자가 어디에 있느냐에 따라 다르게 기술될 수 있다는 점이다. 따라서 관측자의 관측 위치가 먼저 언급되어야 한다. 흑점의 이동 방향을 기술할 때 지구에서 관측했을 때라고 전제하면 태양에서 흑점이 우리의 왼쪽에서 오른쪽으로 이동하고 있다. 우리가 남쪽 지평선을 보았을 때 왼쪽이 동쪽, 오른쪽이 서쪽이므로 태양의 흑점은 동에서 서(시계 방향)로 이동한 것이다.

태양의 자전의 경우, 지구에서 바로 본 회전이 아니라 태양 자체의 회전이므로 천구의 북극에서 내려다보면 태양이 반시계 방향으로 자전하는 것이다.

자료 출처 및 참고문헌

▌지구과학

13쪽 사진(토네이도): http://blog.donga.com/sjdhksk/archives/35440

19쪽 사진: http://blog.daum.net/choitop25/41

49쪽 사진(수평이동단층): https://storyfunding.daum.net/episode/8208#

50쪽 사진: 경기지역 지질백과 장학자료(2009)

55쪽 사진(왼쪽): http://gifted.snu.ac.kr/gifted/earth/earth.htm

72쪽 그림: http://blog.daum.net/sk3691/85(출처: NASA)

72~74쪽 내용: https://ko.wikipedia.org/w/undefined?action=edit&section=1
4에서 인용

84쪽 그림(참조): http://1205yh.tistory.com/1008

94쪽 사진: http://photo.naver.com/view/2010102220542628924

95쪽 그림: http://1205yh.tistory.com/1008

114쪽 그림(참조): http://photo.naver.com/view/2010102220542628924

121~122 사진: 경기지역 지질백과 장학자료(2009)

122쪽 사진(습곡 지형): http://cafe.daum.net/sunyums2/ClS5/35?q=%BD%C
0%B0%EE&re=1

128쪽그림: 하효명(1988), 『HIGT TOP I』, 동아출판사. 188쪽 인용

128쪽 사진(위 오른쪽): This file is in the public domain because it was create
d by NASA

142쪽 그림(참조): http://study.zum.com/book/12408

143쪽 그림(참조): http://egloos.zum.com/sh453/v/5013250

155쪽 그림(참조): http://www.kasi.re.kr/View.aspx?id=report&uid=6832

156쪽 그림(참조): http://www.yonhapnews.co.kr/bulletin/2015/04/02/0200
000000AKR201504 02064000062. HTML

164쪽 그림(참조): EnCyer.com

165쪽 사진(참조): http://apod.nasa.gov/apod/image/0907/corona_vangorp
_big.jpg

169쪽 사진(하늘): http://blog.daum.net/crux3159/11743177

180쪽 그림: 천재학습백과(http://koc.chunjae.co.kr/Dic/dicDetail.do?idx=14381)

211쪽 그림(참조): http://www.cbesr.go.kr/content/pavilion/index.jsp?menu=3&index=32

212쪽 그림(참조): http://blog.daum.net/sky4rang/16860003

214쪽 그림(참조): http://terms.naver.com/entry.nhn?docId=1636865&cid=49019&categoryId=49019

215쪽 사진: http://terms.naver.com/entry.nhn?docId=1636865&cid=49019&categoryId=49019

217쪽 사진: http://angelbborock.blog.me/60177244360

233쪽 그림(별자리): http://terms.naver.com/entry.nhn?docId=3551071&cid=58598&categoryId=58619

236쪽 사진: www.newshankuk.com/news/content.asp?articleno=201109252144411042

205쪽 그림: 천재학습백과(http://koc.chunjae.co.kr/Dic/dicDetail.do?idx=29474)

정보 탐색의 아쉬움을 해결해주는 친절함

이종호
(한국과학저술인협회 회장)

한국인이 책을 너무 읽지 않는다는 것은 꽤 오래된 진단이지만 근래 들어 부쩍 더 심해진성습니다. 전철이나 버스에서 스마트폰으로 다들 카톡이나 게임을 하지 책을 읽는 사람은 거의 없습니다. 과학 분야 책은 말할 것도 없겠지요. 과학 분야의 골치 아픈 개념들을 군이 책을 보고 이해할 필요가 뭐란 말인가, 필요할 때 인터넷에 단어만 입력하면 웬만한 자료는 간단히 얻을 수 있는데……다들 이런 생각입니다. 그러니 내로라하는 대형 서점들의 판매대도 갈수록 좁아들어 겨우 명맥만 유지하고 있는 것이겠지요.

이런 현실에서 과목명만 들어도 골치 아파 할 기술발명, 물리, 생명과학, 수학, 지구과학, 정보, 화학 등 과학 분야만 아울러 7권의 '친절한 과학사전' 편찬을 기획하고서 저술위원회 참여를 의뢰해왔을 때 다소 충격을 받았습니다. 이런 시도들이 무수히 실패로 끝나고 만 시장 상황에서 첩첩한 현실적 어려움을 어찌 이겨 내려는가, 하는 염려가 앞섰습니다.

그러나 그간의 실패는 독자의 눈높이에 제대로 맞추지 못한 탓도 다분한 것이어서 '친절한 과학사전'은 바로 그 점에서 그간의 아쉬움을 말끔히 씻어줄 것으로 기대됩니다. 또 우리 학생들이 인터넷에서 필요한 정보를 검색했을 때 질적으로 부실한 자료에 대한 실망감을 '친절한 과학사전'이 채워줄 것으로 믿습니다. 오랜 가뭄 끝의 단비 같은 사전이 출간된 기쁨을 독자 여러분과 함께 나눌 수 있기를 바랍니다.

제4차 산업혁명의 동반자 탄생

왕연중
(한국발명문화교육연구소 소장)

오랜만에 과학 및 발명의 길을 함께 갈 동반자를 만난 기분이었습니다. 생활을 함께할 동반자로도 손색이 없을 것 같았지요. 생활이 곧 과학이기 때문입니다.

40여 년을 과학 및 발명과 함께 살아온 저는 숱한 과학용어를 접했습니다. 특히 글을 쓰고 교육을 할 때는 좀 더 정확한 용어의 선택과 누구나 쉽게 이해할 수 있는 해설이 필요했습니다. 그때마다 자료가 부족하여 무척 힘들었지요. 문과 출신으로 이과 계통에서 일하다보니 더 힘들었고. 지금도 마찬가지입니다.

바로 이때 '친절한 과학사전' 편찬에 참여하여 감수까지 맡게 되었습니다. 원고를 읽는 순간 저자이기도 한 선생님들이 교육현장에서 학생들에게 과학을 가르치는 생생한 육성을 듣는 기분이었습니다. 신선한 충격이었지요.

40여 년을 과학 및 발명과 함께 살아왔지만 솔직히 기술발명을 제외한 다른 분야는 비전문가입니다. 따라서 그동안 느꼈던 과학 용어에 대한 갈증을 해소시켜주는 청량음료를 만난 기분이었습니다.

그동안 어렵게만 느껴졌던 과학용어가 일상용어처럼 느껴지는 계기를 마련할 것으로 믿으며, '제4차 산업혁명의 동반자 탄생'으로 결론을 맺습니다.

'친절한 과학사전'이 누구보다 선생님들과 학생들이 과학과 절친한 친구가 되는 역할을 하기를 기대합니다.

누구나 쉽게 과학을 이해하는 길잡이

강충인
(한국STEAM교육협회장)

일반적으로 과학이라고 하면 복잡하고 어려운 전문 분야라는 인식을 가지고 있습니다. 그러나 '친절한 과학사전'은 과학을 쉽게 이해하도록 만든 생활과학 이야기라고 할 수 있습니다. 과학은 생활 전반에 응용되어 편리하고 다양한 기능을 가진 가전제품을 비롯한 생활환경을 꾸며주고 있습니다.

지구가 어떻게 생겨나 어떻게 변화해오고 있는지를 다룬 것이 지구과학이고, 인간의 건강과 생명은 어떻게 구성되어 있고 관리해야 하는가는 생명과학에서 다루고 있습니다.

수학은 생활 속의 집 구조를 비롯하여 모든 형태나 구성요소를 풀어가는 방법입니다. 과학적으로 관찰하고 수학적으로 분석하여 새로운 것을 만들거나 기존의 불편함을 해결하는 발명으로 생활은 갈수록 편리해지고 있습니다.

수많은 물질의 변화를 찾아내는 화학은 물질의 성질에 따라 문제를 해결하는 방법입니다. 물리는 자연의 물리적 성질과 현상, 구조 등을 연구하고 물질들 사이의 관계와 법칙을 밝히는 분야로 인류의 미래를 위한 분야입니다. 4차 산업혁명시대에 정보는 경쟁력입니다. 교육은 생활 전반에 필요한 지식과 정보를 습득하는 필수 과정입니다.

'친절한 과학사전'은 학생들이 과학 지식과 정보를 쉽고 재미있게 배우는 정보 마당입니다. 누구나 쉽게 과학을 이해하는 길잡이이기도 합니다.

친절한 과학사전 - 지구과학

ⓒ 이영기, 2017

초판 1쇄 2017년 9월 22일 찍음
초판 1쇄 2017년 9월 28일 펴냄

지은이 | 이영기
펴낸이 | 이태준
기획·편집 | 박상문, 박효주, 김예진, 김환표
디자인 | 최진영, 최원영
관리 | 최수향
인쇄·제본 | 제일프린테크

펴낸곳 | 북카라반
출판등록 | 제17-332호 2002년 10월 18일
주소 | (121-839) 서울시 마포구 서교동 392-4 삼양E&R빌딩 2층
전화 | 02-486-0385
팩스 | 02-474-1413
www.inmul.co.kr | cntbooks@gmail.com

ISBN 979-11-6005-042-4 04400
      979-11-6005-035-6 (세트)

값 10,000원

북카라반은 도서출판 문화유람의 브랜드입니다.
이 저작물의 내용을 쓰고자 할 때는 저작자와 문화유람의 허락을 받아야 합니다.
파손된 책은 바꾸어 드립니다.

이 도서의 국립중앙도서관 출판시도서목록(CIP)은 서지정보유통지원시스템
홈페이지(http://seoji.nl.go.kr)와 국가자료공동목록시스템(http://www.nl.go.kr/kolisnet)에서
이용하실 수 있습니다. (CIP제어번호 : CIP 2017023943)